气象科学发展拾零

史玉光　主编

气象出版社
China Meteorological Press

图书在版编目（CIP）数据

气象科学发展拾零 / 史玉光主编 . —北京：气象
出版社，2018.1
　ISBN 978-7-5029-6705-5

　Ⅰ . ①气… Ⅱ . ①史… Ⅲ . ①气象学 – 历史 Ⅳ .
① P4–09

　中国版本图书馆 CIP 数据核字 (2017) 第 308186 号

Qixiang Kexue Fazhan Shiling
气象科学发展拾零

出版发行：气象出版社

地　　址：北京市海淀区中关村南大街 46 号　　**邮政编码**：100081

电　　话：010-68407112（总编室）　010-68408042（发行部）

网　　址：http://www.qxcbs.com　　**E－mail**：qxcbs@cma.gov.cn

责任编辑：侯娅南　邵 华　　　　　　**终　　审**：张 斌

设　　计：符 赋　　　　　　　　　　**责任技编**：赵相宁

印　　刷：北京地大天成印务有限公司

开　　本：710 mm×1000 mm　1/16　　**印　　张**：7

字　　数：90 千字

版　　次：2018 年 1 月第 1 版　　　　**印　　次**：2018 年 1 月第 1 次印刷

定　　价：28.00 元

前　言

　　历史是一条长河，冲去浮华，沉淀精粹。对于气象科学来说，采撷其历史精粹，串起其发展脉络，不仅是为了帮助行业内的学者溯源寻根，提升从业的归属感，同时，也是向行业外的读者细数家珍，提高社会的认同感。

　　站在历史的河岸回望，气象科学的发展源远流长。我们的祖先从遥远的渔猎时代开始，就已经有意识地对天地万物仰观俯察，而后为了生存与发展不断探寻着天时的奥秘，历经千年创造了时令节气系统，成为我国气象科学的渊薮。

　　历史的长河滚滚向前，近现代气象科学借助着数学、物理等多学科的进步，以及雷达、卫星遥感技术和高性能计算机的应用，逐渐发展成为一门理论性强、应用广泛的学科。从气象观测仪器的发明到地面天气观测网的建立、高空探测技术的发展，从对大气环流的认识到锋面学说、长波理论的提出，从天气预报系统的诞生到现代大气科学的建立、数值天气预报技术的应用，气象科学实现了一次又一次的飞跃发展。当前，随着云计算、大数据等新技术的广泛应用，气象科学又步入了崭新的发展阶段，准备迎接下一次的华美嬗变。

本书的编写，是在学习已有研究成果的基础上，尝试做的一点梳理和编辑性工作，以求在亘古绵长的气象历史长卷中采英拾贝，勾勒气象科学发展历史的线条与概貌。我们希望这本书能以其科学性、真实性的特点给气象从业人员的相关研究带来一点启发，同时又能以其综合性、通俗性的特点激发广大读者对气象科学的一点兴趣。

本书在编写过程中得到了中国工程院院士陈联寿先生的精心指导，得到了气象出版社领导和编辑们的大力支持，在此一并表示感谢。同时，因编者学识和水平有限，书中难免存在疏漏，敬请各位专家和广大读者谅解与指正。

史玉光

2018 年 1 月

【主编简介】 史玉光，男，山西临汾人，1983 年毕业于南京气象学院，理学博士，正研级高级工程师，曾任新疆维吾尔自治区气象局党组书记、局长，现任山东省气象局党组书记、局长。

目 录

第 1 章　起源与探索：

古代气象知识积累

气象是一门非常古老且实用的学科。人类与洪水、干旱等自然灾害的斗争，对自身生存条件的改善，以及对瞬息万变的天气现象的关注与探索，是古代气象发展的主要动力。气象科学的发展与人类的生产、生活密切相关，与当时的生产力水平相适应。古代气象科学的实质是经验知识的积累。古人通过对天气现象、气候物候、天文星象的识别、记录（定性）与计量（定量）、原理探究，形成了经验总结，如二十四节气、天气谚语等。农业文明最本质的特征，就是要处理好天人关系。

1.1 日出有方

早在 4000 多年前（公元前 21 世纪），古人已知依靠观测日出的方位来推测农历节气，用于指导农事活动。我国考古人员在山西省襄汾县陶寺乡发现了世界上最古老的观象台的遗址。复原后可以看出，该观象台是呈半圆形的平台，有三个圈层的夯土结构。在第一圈内，有 11 座夯土柱，夯土柱由西向东呈扇状辐射排列。古人透过柱与柱之间 15~20 厘米的缝隙观测正东方向塔儿山的日出方位，以此来确定当时的 12 个节气。经与现在的农历时间进行比较和实地模拟观测后，发现以此方法判定节气时令的精度都十分高。

大约 500 多年后（约前 1680 年），英国伦敦西南部的索尔兹伯里平原上出现了占地 11 公顷的巨石阵。距今 200 多年前就有人注意到，巨石阵的主轴线指向夏至时日出的方向，还有两块石头的连线指向冬至时日落的方向。20 世纪初，英国天文学家洛克耶（Norman Lockyer，1836—1920 年）提出，如果站在巨石阵的中心来观察，第 91 号石头正好指向立春和立冬这两天日出的位置，第 93 号石头正好指向立夏和立秋这两天日落的位置，因此推测当时就已有一年分八个节气的历法。虽然直到今天，巨石阵的真正用途仍然是个谜，但是天文学家经过种种研究推测：巨石阵非常类似一座古老的"天文台"。

陶寺古观象台复原图

英国巨石阵

1.2 虫鸣有时

公元前 20 世纪，中国先民已能依靠观察动植物的生长、发育、活动规律等来总结节候规律，以此形成历法，指导农事，《夏小正》一书可做证明。其所记载的夏代第一个物候现象"正月启蛰"，就是指冬眠的动物结束休眠，开始活动，后来称为"惊蛰"。此外，还有"三月摄桑""七月寒蝉鸣"等物候记载。可以说，《夏小正》是古人几千年前物候测天的总结，是我国现存最古老的一部"月令"。现在我们所看到的《夏小正》，是作为《大戴礼记》的一篇而保存下来的。这篇文字按照十二月的顺序，详细记载了星象、物候、气候变化，形象地反映了夏代及其以前人们总结的物候、气候、节令知识。

《夏小正》经文全文：

正月：启蛰。雁北乡。雉震呴。鱼陟负冰。农纬厥耒。初岁祭耒。始用畼。囿有见韭。时有俊风。寒日涤冻涂。田鼠出。农率均田。獭兽祭鱼。鹰则为鸠。农及雪泽。初服于公田。采芸。鞠则见。初昏参中。柳稊。梅、杏、柚、桃则华。缇缟。鸡桴粥。

二月：往耰黍禅。初俊羔，助厥母粥。绥多女士。丁亥，万用入学。祭鲔。荣堇。采蘩。昆小虫抵蚳。来降燕乃睇。剥鳝。有鸣仓庚。荣芸。时有见。稊始收。

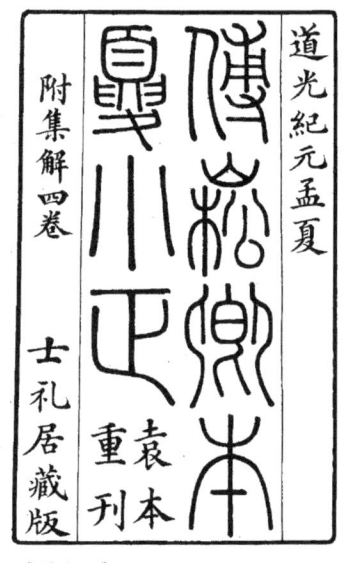

《夏小正》

三月：参则伏。摄桑。委杨。羍羊。虫则鸣。颁冰。采识。妾、子始蚕。执养宫事。祈麦实。越有小旱。田鼠化为鴽。拂桐芭。鸣鸠。

四月：昴则见。初昏，南门正。鸣札。囿有见杏。鸣蜮。王萯秀。取荼。莠幽。越有大旱。执陟攻驹。

五月：参则见。浮游有殷。鴃则鸣。时有养日。乃衣爪。良蜩鸣。匽之兴，五日翕，望乃伏。启灌蓝蓼。鸠为鹰。唐蜩鸣。初昏大火中。种黍菽糜。煮梅。蓄兰。颁马。

六月：初昏，斗柄正在上。煮桃。鹰始挚。

七月：莠藋苇。狸子肇肆。湟潦生苹。爽死。苹秀。汉案户。寒蝉鸣。初昏，织女正东乡。时有霖雨。灌荼。斗柄悬在下，则旦。

八月：剥瓜。玄校。剥枣。栗零。丹鸟羞白鸟。辰则伏。鹿人从。鴽为鼠。参中，则旦。

九月：内火。遰鸿雁。主夫出火。陟玄鸟蛰。熊罴豹貉鼬鼪，则穴。荣鞠树麦。王始裘。雀入于海为蛤。

十月：豺祭兽。初昏，南门见。黑鸟浴。时有养夜。雉入于淮为蜃。织女正北乡，则旦。

十一月：王狩。陈筋革。啬人不从。陨麋角。

十二月：鸣弋。玄驹贲。纳卵蒜。虞人入梁。陨麋角。

1.3　甲骨卜天

殷商时期的甲骨卜辞中出现了雨、云、风、雷、虹、雪、雹、晕、霾等天气现象的文字记录。在出土的殷商甲骨文中，记载了大量的气象内容，这是目前世界上发现的最早的气象记录，而且已经有了置闰的历法，天文气象已进入社会生活。甲骨文中，关于天气现象的知识十分完整、细致，包括降水、天气状况、风、云雾、大气光象等许多项目。安阳殷墟出土的一片殷王文丁时的卜辞上记录了文丁元年（前1112年）十天的天气变化。这段甲骨文全文是：

癸亥卜，贞旬。乙丑，夕，雨，三夕。丁卯，明，雨。戊辰，小采日，雨，风。己巳，明，启。壬申，大风自北。

用现代汉语翻译过来，这段文字记载的十天天气情况是这样的：

癸亥日进行占卜，预测未来十天的天气。第二天乙丑，从昨夜开始下雨，下了三夜。到第四天丁卯，天亮时还下雨。第五天戊辰，傍晚起了风雨。第六天己巳，早晨云开天晴。第九天壬申，起了北大风。

| 气 | 象 | 风 | 云 | 雨 | 雪 | 雷 | 雾 | 霾 |

| 虹 | 水 | 火 | 日 | 月 | 春 | 夏(金文) | 秋 | 冬 |

甲骨文里的气象常用字

因为记录天气是记变不记常的，甲子、庚午、辛未、癸酉等日没有发生风、雨、晴、霾的变化，所以甲骨文中没有记载；第三天丙寅虽然在下雨，因为包括在"三夕"的连雨中，所以也不单记。这样的十天天气预报及其验证记录，都是世界最早的。

1.4 作战有术

行火、涉水、借雾、避湿……古代应用气象知识于战略、战术发端于炎黄大战，萌芽极其古老。《孙子兵法》对春秋时代以前的军事思想进行了系统的总结，可称为军事气象经典之作。作为杰出的军事家，孙子不是就军事论军事，而是把军事与社会政治、经济、科学技术结合起来观察的。他对天时、地利、人和的理论有所发展，认为用兵首先要从道义上考虑战争的正义性（道），接下来最重要的就是气象问题（天），这是胜负之本。《孙子兵法》中要求兵家通晓气象、天文，不仅战略规划、战役部署上要应用气象，在具体战术上更要应用气象，特别是在火攻中，如"火发

孙子

上风，无攻下风。昼风久，夜风止"（《孙子兵法·火攻篇》），对于火攻的气象条件说得很具体。该书从战略、战役到战术，从形势分析、行军布阵到具体作战，对气象的要求、掌握和运用，都做了正确、严密的论述，对后世影响深远。

1.5　治病有方

中国古代应用气象科学对人类文明的一个辉煌贡献，就是在公元前3 世纪之前，建立起了完善、系统的医疗气象理论体系，并集中地阐述于《黄帝内经》这部巨著中。《黄帝内经》简称《内经》，包括《素问》《灵枢》两部分，公认的成书时间是战国时代。《内经》里，五运六气思想，即运气学说，贯穿于基础医学（生理、病理）、预报医学（预测、防疫、预后）和临床医学（诊断、治疗、疗养）的各个方面，并从哲理、

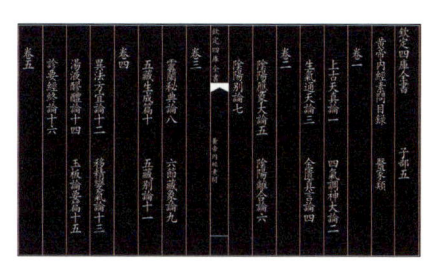

《黄帝内经》

天道观的高度，深入阐述了医疗气象科学理论。其理论核心运气学说，是建立在人与自然的关系，主要是人与气象的关系基础上的，运用阴阳五行的思想，论述了气候变化与人体生理和病理的关系，是集古代医疗气象理论大成之作。

1.6 理论初探

亚里士多德

古希腊哲学家亚里士多德（Aristotle，前384—前322年）对其所处时代的气象学产生了巨大影响。他于公元前340年撰写的《气象通典》一书是最早的气象学专著，使气象学终于成为一门系统的学科。亚里士多德的气象学思想涉及了气象科学的方方面面。他推论，地球上各个地区的可居住性与纬度有关，受到太阳长时间垂直照射的地区要比斜射的地区热得多，他甚至怀疑那是个一切生命都无法生存的地方。在远离赤道的寒带，也不适宜居住，人类只能生活在这两者之间的温带地区。他甚至还推想到，在赤道之南也有一个南温带，只是由于受到赤道灼热地带的梗阻，我们无法到达南温带。亚里士多德相信宇宙是永恒的，没有起点，永不灭亡，一切变化都是循环出现的，比如水从海面蒸发至空气中，然后变成雨水又汇入大海。

春雨惊春清谷天，
夏满芒夏暑相连。
秋处露秋寒霜降，
冬雪雪冬小大寒。

二十四节气歌

1.7 节气溯源

"春雨惊春清谷天，夏满芒夏暑相连。秋处露秋寒霜降，冬雪雪冬小大寒。"现今人们所熟悉的二十四节气，早在春秋时期，就已被定出冬至、夏至、春分、秋分四个节气，后来不断地被改进与完善。到公元前 2 世纪的西汉时代，《淮南子·天文训》中出现了中国最完整的二十四节气记载，其中的节气名称已完全定型，是根据斗建和十二律吕做的表述，两千多年来都没有改变，并且每个节气的气候意义在节气名称本身中就简明地表达出来了，后来逐步形成了通俗易懂的二十四节气歌、二十四节气图表，流传十分广泛。创立至今，二十四节气家喻户晓，保证了中国始终以发达的农业文明著称于世，其所产生的经济社会效益不亚于四大发明。

1.8 木乌相风

中国早在周秦时代，就对各种类型的风有过一些描绘，汉代也划分了一些风力等级，但真正列出一个风力等级表，则是唐代李淳风完成的。李淳风在淳风村隐居期间，用自己设计的木乌，即"三脚鸡风动标"观风、测风，并将风定为八级，成为世界上第一个给风定级的古代科学家。公元 645 年，李淳风撰写了《己巳占·候风法》，书中记载了对测风环境的要求和不同情况下

相风乌

测风工具的选择及具体方法，并规定了安装测风仪器需要注意的高度和环境，以保证其代表性。李淳风风力等级比英国海军中校弗朗西斯·蒲福（ Francis Beaufort, 1774—1857 年）1805 年提出的蒲福风力等级早 1160 年。

李淳风风力等级表（制订于 645 年）

等级	势力	风名	受风时日	灾情范围	注
O	无	无风			
一	动叶	十里			微风
二	鸣条	百里	三时以下		和风，以上皆百里风
三	摇枝	二百里			轻风
四	坠叶	三百里			
五	折小枝	四百里			勃风
六	折大枝	五百里	半日半夜	二千里外	以下皆大风有灾
七	折木飞沙石	千里	一日一夜		怒风
八	拔树及根	五千里	二日二夜	三千里外	狂风
九		万里			以下皆大风非常
十		天下半风			抛力不可言状
十一		天下尽风	三日三夜		

1.9 天池测雨

公元 1247 年，南宋数学家秦九韶在《数书九章》中阐明了天池测雨、圆罂测雨、峻积验雪、竹器验雪等容量计算方法。其中，"天池测雨"用"平地得雨之数"（积雨深度）来量度雨水，所用工具以及计算方法的科学性符合现代的雨量概念，是世界上最早的雨量观测科学方法。直到 1639 年，意大利数学家卡斯泰利（Benedetto Castelli，1578—1643 年）使用自己制造的雨量器收集降水、测出雨量的试验，开创了欧洲科学测量雨量的先河，这比秦九韶晚了约 400 年。中国何时开始制造雨量器，时间待考，但是中国对雨量的认识和计算，都是世界上最早的。

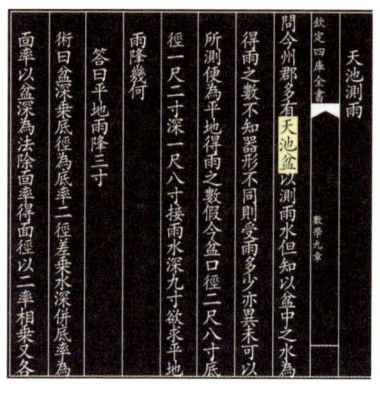

《数书九章》中记载的天池测雨

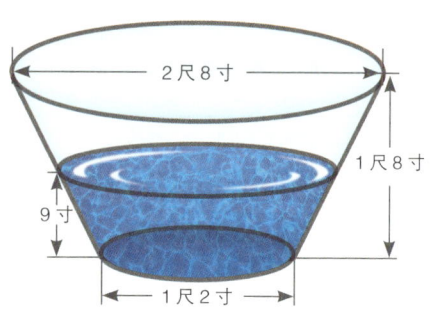

《数学九章》中的天池盆示意图

【延伸阅读】宋明两部著作

宋明时期，除了《数书九章》，还有两部著作在中国气象史乃至科技史中都具有举足轻重的地位。一是北宋学者沈括的《梦溪笔谈》，二是明代学者宋应星的《天工开物》。

沈括（1031—1095 年），字存中，北宋翰林学士，精通天文学、数学、物理学、化学、地质学、气象学、地理学、农学和医学，制造了浑天仪，编制了我国历史上首个纯粹的阳历——十二气历。在他的科学名作《梦溪笔谈》中，记载了他在预测天气、观察大气现象等方面的种种尝试。其中，书中详细描述的公元 1076 年某一县城发生的龙卷风情况，是东亚关于龙卷风方面的最早记录。书

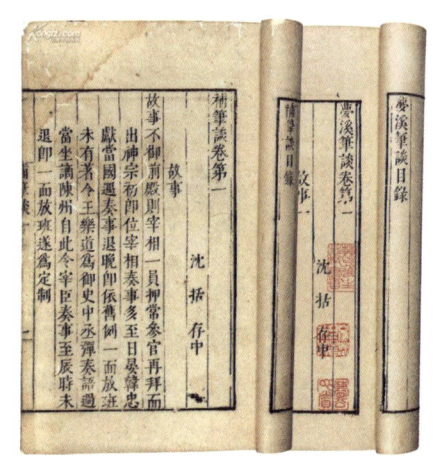

《梦溪笔谈》

中阐述了彩虹形成的原因，记载了"球形闪电"现象。沈括善于思考天气变化的诸多问题，并预测天气的演变，《梦溪笔谈》对沈括成功预报降雨的个例有非常生动的描述："熙宁中，久旱，祈祷备至。连日重阴，人谓必雨。一日骤晴，炎日赫然。予时因事入对，上问雨期。予对曰：'雨候已见，期在明日'。众以谓：频日晦溽，尚且不雨。如此阳燥，岂复有望？次日果大雨……"

宋应星（1587—约1666年），字长庚，明末清初著名科学家，生平潜心研究实学，其所著《天工开物》一书是中国古代科学技术名著，收录了农业、手工业，诸如机械、砖瓦、陶瓷、硫磺、烛、纸、兵器、火药、纺织、染色、制盐、采煤、榨油等生产技术，是世界上第一部关于农业和手工业生产的综合性著作。同时书中的不少生产实践活动，都涉及了气象在各行各业的应用。比如，书中记录了农民培育水稻、大麦新品种的事例，研究了土壤、气候、栽培方法对作物品种变化的影响，说明通过人为的努力，可以改变植物的品种特性，得出了"土脉历时代而异，种性随水土而分"的科学见解。书中还介绍了当时扬州一带的风动车，以风为动力在路上行驶，说明当时在水陆交通中，已经注意到了风的利用。

《天工开物》

1.10 晴雨档案

清康熙十六年（1677 年），钦天监（类似现在的气象部门）统一制作测雨器，并且令直隶地区逐日记录晴雨，观测雨、雪、风、雷等天气现象，是中国历史上第一个地面气象观测网。依靠这个观测网，京都（即北京）积累了从清雍正二年（1724 年）至清光绪二十九年（1903 年）连续 180 年的观测记录——《晴雨录》，成为中国现存档案中年代连续最长的雨量观测资料。《晴雨录》以传统的子、丑、寅、卯、辰、巳、午、未、申、酉、戌、亥十二时辰为计时标准，按时记载降雨情况，周而复始，昼夜不断，降水情况分为晴、微雨、雨（或晴、微雪、雪）三级，为认识这 180 年间北京地区的降水规律找到一个实测依据。与自 1841 年开始的北京地区的雨量实测记录相对照，《晴雨录》重叠年份记载的基本内容完全吻合。

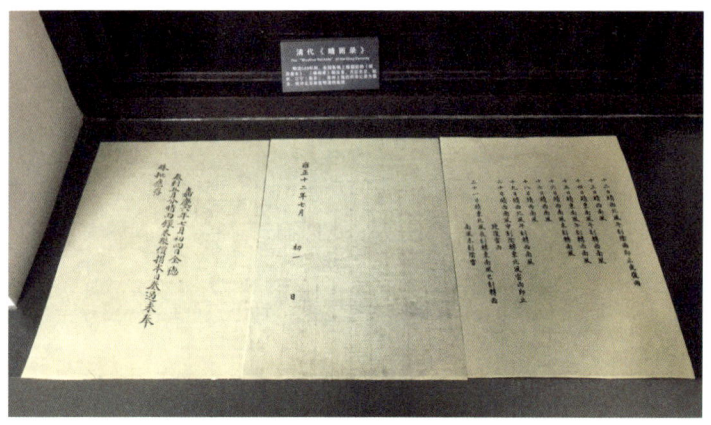

《晴雨录》

第 2 章　第一次飞跃：
器测发明和理论发展

随着城市的兴起与生活水平的提高，文艺复兴运动带来一段科学与艺术的革命时期（13 世纪末到 16 世纪）。这期间，温度表、雨量器、气压表等气象观测仪器相继发明，数学、物理学快速发展，为气象理论、天气预报的发展提供了坚实的基础。大航海时代的来临，促进了人们对信风和全球大气环流的研究。从 17 世纪开始，实现了近代气象科学的第一次飞跃。

2.1 观测仪器发明

气象仪器的出现，尤其是标准的观测仪器、统一的度量单位、明确的记录格式的出现，改变了人类几千年来对自然现象只做定性描述的状况，使得用"量"的范畴来描述自然现象成为现实。气象科学是基于观测发展起来的科学，气象观测仪器的使用是近代气象科学发展的重要标志。

2.1.1 温度测量仪

伽利略（Galileo Galilei, 1564—1642 年）是意大利著名的物理学家、数学家、天文学家和哲学家。1593 年，他应用空气随温度升降而胀缩的原理发明了温度测量仪，这是他对气象学的重要贡献之一。当时，这种空气温度测量仪的玻璃直径像鸡蛋一般大，顶端呈圆形，下边开口浸于水中，气温低时管中的水便上升，反之则下降。伽利略发明的温度测量仪完全凭空气的感应而测得温度数值，是最早能测得气温高低的仪器，也是人类有史以来发明的最早的温度测量仪。

华氏温度表是由德国人华伦海特（Daniel Gaberiel Fahrenheit，1686—1736 年）发明的。1714 年，他首先创制了华氏温度表，把冰水混合的温度作为低点，定为 30 ℉，人体温度作为高点，定为 60 ℉。这就是历史上第一个经验温标——华氏温标，使温度测量有了统一标准。

气压计/温度计（法国，1900年左右）
Barometer and thermometer (France, 1900s)

1900 年左右的温度计（上部）

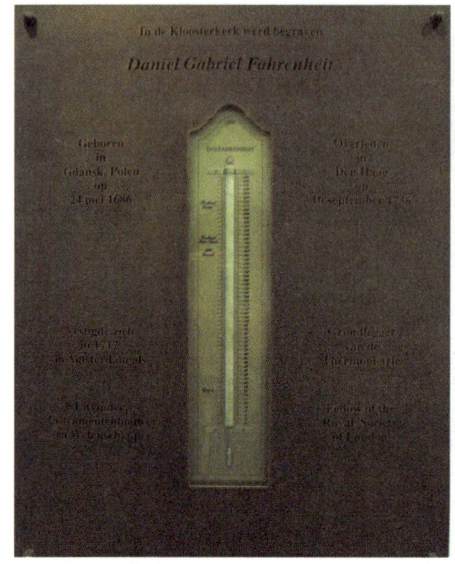
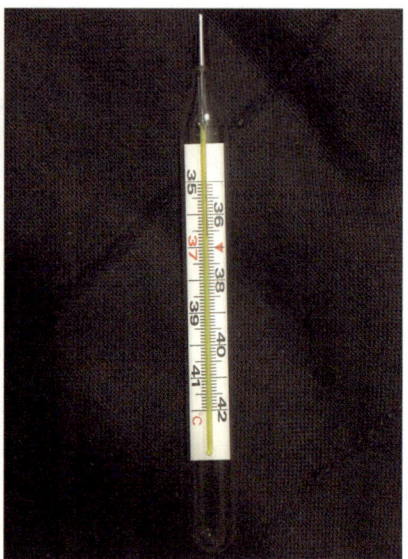

华伦海特墓地刻有温度表的纪念牌　　　　　现代温度表

　　摄氏温度表是由瑞典天文学家摄尔修斯（Anders Celsius，1701—1744 年）发明的。1742 年，他在瑞典科学院首次展示了他发明的摄氏温度表，将水的冰点定为 100 ℃，沸点定为 0 ℃，与现在使用的水的冰点为 0 ℃，沸点为 100 ℃刚好相反。后来，他的同事施勒默尔把两个温度点的数值倒过来，就形成了现在的百分温度，即摄氏度，奠定了百分温标的基础。1948 年，第九次国际度量衡会议决定以摄氏度名称代替百分度。

2.1.2　湿度测量仪

　　达·芬奇（Leonardo da Vinci，1452—1519 年）是意大利文艺复兴时期的博学家，他在很多领域都有重大成就，他对气象学的贡献之一就是在 1500 年发明了空气湿度测量仪。达·芬奇详细设计了空气湿度测量仪的草图，设想用干棉花吸入空气中的水分，根据棉花的质量来测量湿度，并设计了一种非常容易理解的湿度装置。这种机动性的湿度指示器的发明，预示着人类靠肉眼观测气象的时代已经结束了。由于整体技术和工艺水平受时代限制，他的设想在当年并没有变成现实，但是这些创意给后世的科技人员以巨大的启迪。

1799 年，英国人列斯利爵士发明了一种干湿球湿度计。1825 年，德国物理学家、气象学家奥古斯特发明了干湿表，用于测定空气的湿度。干湿表即干湿球温度表，是把两只相同的温度表合为一组用，一支称为干球温度表，用来测定气温；一支称为湿球温度表，将其水银球部分包以纱布并吸水湿润，以两者示度差求得湿度。

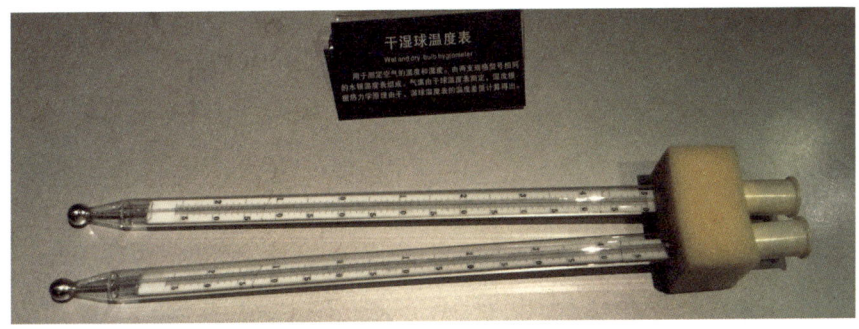

干湿球温度表

1887 年，德国气象学家阿斯曼首创了通风干湿表，这种通风干湿表的温度表部分被加以遮蔽，不受太阳辐射的影响，可以在太阳光下进行观测。通风干湿表至今仍被气象界使用。

2.1.3 气压测量仪

托里拆利（Evangelista Torricelli, 1608—1647 年），意大利物理学家，伽利略的学生。17 世纪中叶，他发现空气有质量，据此发明了气压表。1643 年，他设计了一个简单的实验，用来测量大气压力的大小，被称为"托里拆利实验"。他先将一根长约 1.3 米的玻璃管装满水银，然后用手指抵住玻璃管开口的一端，把它倒放入水银槽中，迅速将手指移开后，管内水银下降，使管顶水银面上空隙处于真空——后人称为"托里拆利真空"。通过对气压表数值的观测，人们发现天气的晴雨与气压变化有一定关系，当气压表中的水银柱下降时，往往预示着坏天气的到来，反之，天气将转晴，因而气压表又被叫作"晴雨表"。

19 世纪末，德国气象学家史普龙利用空盒气压表创制了自记气压计，获得气压变化的连续记录。

1900 年左右的气压计

2.1.4　量雨器

在雨量计的发明中，首先要提到的是意大利人卡斯泰利。1639 年，他用自己制造的雨量计进行试验，收集降水量，开创了欧洲科学测量雨量的先河。1662 年，英国天文学家克里斯多夫·雷恩爵士发明了自记雨量计，并与胡克共同创造了翻斗式自记雨量计。15 年后，汤莱发明了一种雨量计，该雨量计连接了一个直径约为 30 厘米的漏斗，可使雨水进入管中，并测量出水的质量。汤莱利用其发明的雨量计，连续 26 年不间断地测量雨量，成为英国第一位实施长期雨量测量的观测者。

雨量计

1722 年，英国天文学家霍斯利发明的雨量计是现代雨量计的前身。

2.2　理论发展

气象仪器为人类提供了客观观察自然的方法，加上航海事业的快速发展，完全改变了人们对空间的认识，促进人们产生了新的世界观和方法论，对气体运动、气压等有了新的认识，从而推动了人们对大气环流理论、天气动力学、气体热力学等的研究。

2.2.1 笛卡尔与《气象学》

勒内·笛卡尔（Rene Descartes，1596—1650 年），17 世纪法国著名的哲学家和科学家。他出身贵族，却对政治没有兴趣，而是致力于科学研究和探索，他在物理学、数学、光学、气象学等多个自然科学领域做出了许多惠及后人的贡献。

笛卡尔对于气象学的贡献突出：首先，他几乎完全摆脱了亚里士多德《气象通典》的束缚，使气象学从主观猜想转向科学推理；其次，笛卡尔创立了一个全面的新理论——机械唯物论，其核心思想"通过观察收集材料，再总结成能够理解的理论体系"在气象学的分析中得到了充分的体现，为气象学的研究打开了思路；再次，笛卡尔追求化复杂为简单的研究思路，他撰写了《谈谈方法》，阐述了自己进行气象学研究的原则与规范，并为后人学习和借鉴提供了帮助。

笛卡尔在 1637 年完成了《气象学》论著。《气象学》一书分为十讲，第一讲讨论了陆地上关于物质的本质并提出了物质假说理论，第二讲讨论了蒸汽和其他蒸散物，第三讲讨论盐的特性及形成原因，第四讲讨论风的属性，第五讲讨论云的形成，第六讲讨论与降水相关的雪、雨、雹等自然现象，第七讲围绕风暴、闪电及其他空中燃烧的火焰展开论述，第八讲利用光学原理讨论彩虹的特性和形成机理，第九讲围绕云的颜色、晕等自然景观展开论述，第十讲探究了假日现象及形成原因。通观全书，笛卡尔将物质假说理论运用到风、云、降水等常见自然现象的解释中去，还提出了光学原理，并将其运用到虹、晕、假日等现象的解释中。

物质假说理论。在《气象学》开篇，笛卡尔便提出了物质假说理论，在此基础上，笛卡尔解释了蒸汽的产生原理。基于蒸汽的解释理论，他又进一步解释了为什么在暖季或中午的湖水比多云或冷季时干涸得更快，解释了为什么冬季人们能够看到哈气而夏季却不能看到。此外，笛卡尔还提出了蒸散物的概念，他认为蒸散物比蒸汽呈现出更多的形态，是因为蒸散物的组成物质更加多样，易于变化。笛卡尔对海洋中的盐分也进行了详细的阐述和研究。

风的认识。笛卡尔对于所有自然现象的解释几乎都是在物质假说理论的前提下展开的，他认为风是受到多种物质的影响所产生的现象。

云的认识。笛卡尔认为蒸汽不仅产生了风，也是产生云的根本原因。此外，笛卡尔还解释了为什么云所处的高度存在不同，研究了云的形状。

降水的认识。笛卡尔认为，降水非常复杂多变，其不确定因素很大，因此人类很难准确地对降水进行预测，这个观点即便今天来看，仍旧是了不起的结论。笛卡尔利用物质假说理论，解释了雨、雪、雹的形成原因。关于降水强度，笛卡尔做了进一步分析，他认为水滴下方空气收缩所造成的降水一般非常弱，有时甚至形成不了降水而只是下了一场雾；但是，如果是上方空气压迫云发生下沉，那么往往会形成大雨。

2.2.2　云的分类

最早尝试为不同类型的云命名的是法国科学家拉马克（Jean-Baptiste Lamarck，1744—1829 年），他用法语命名了六种不同类型的云，但由于语言原因，这种分类方法并没有得到推广。

1803 年，英国气象学家霍华德（Luke Howard，1772—1864 年）发展了拉马克的云分类法，将云分为三大类，这种分类方法很快被世人熟悉并接受。他提出云主要有 3 种类型，即积云、卷云和层云，其后 7 类是 3 种云系的变种（积云、卷云、层云、卷积云、卷层云、积层云、雨云），自此引起了各国气象学家对云的观察、研究和分类。

　　1887 年，英国气象学家阿伯克·龙比和瑞典气象学家希尔德·布兰松合作编制了 10 种云形，分别为卷云、卷层云、卷积云、高积云、高层云、层积云、雨层云、积云、积雨云、层云，两人还合撰了《国际云名》一文。1891 年，第一届国际气象局长会议在德国举行，阿伯克·龙比和希尔德·布兰德两人创设的云的分类法得到大会的赞许，并经大会通过定为世界各国观测云状的标准。1896 年，国际气象组织出版了第一本国际云图。

　　目前，在气象观测上最为通用的是世界气象组织 1956 年在国际云图中公布的分类体系。我国以这一分类体系为基础，根据云的基本外形将云分成 3 族 10 属，再根据外形特色、排列情况、透光程度、附从云以及是否从其他云演变而来等，进一步分为 29 类。

毛卷云　　　　　　　　　　　　　　　卷积云

高层云

层积云

雨层云

积雨云

高积云

淡积云

2.2.3 大气环流的认识

哈雷（Edmond Halley，1656—1742 年），英国著名天文学家。1686 年，哈雷在远洋航行中系统地研究了信风和季风，首先提到主环流与地表太阳热分布的关系，认为太阳辐射是大气运动的根本原因，信风和季风是太阳的光和热所造成的结果。由于太阳辐射直接使大气层及海洋陆地受热，产生内能，此内能再产生动能，于是产生了信风和季风。1688 年，他又将海上风场的资料绘制成信风和季风的分布图，提出赤道北面的东北信风气流与赤道南面的东南信风气流有向赤道辐合的趋势，信风并非地球自转的偏转作用造成的。

哈雷首次提出地球表面主环流风场这一概念。并绘制了主环流风场分布图。由于他首先提出了信风和季风的环流理论，后来气象学家尊其为动力气象学之父。

哈雷

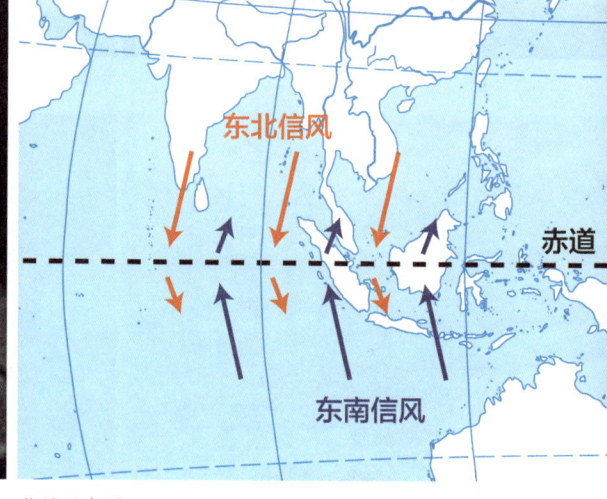

信风示意图

1735 年，英国天文学家哈得来（George Hadley，1685—1768 年）提出地球自转能使南北向的气流发生偏折作用，认为地球的旋转能影响大气的运行。他指出，热量可以产生直接经向环流，认为底层吹向赤道的气流由于受到地球旋转而发生偏转的结果，形成信风，高空向极气流的回转也会受到偏折作用影响，形成高空西风带。他强调这种环流是热力对流形式之一，因赤道区的太阳受热高于极区，可使低纬度空气产生上升运动，较高纬度则产生下沉运动，重新流回赤道，经向环流即可因低层空气的向赤道运动、高空空气向极区运动完成。他提出的简略的环流理论虽然有些片面，但对动力气象学的兴起具有启示意义。

费雷尔（William Ferrel，1817—1891 年）是美国气象学家和海洋学家。1856 年，费雷尔提出自己的大气环流理论，即中纬度的逆环

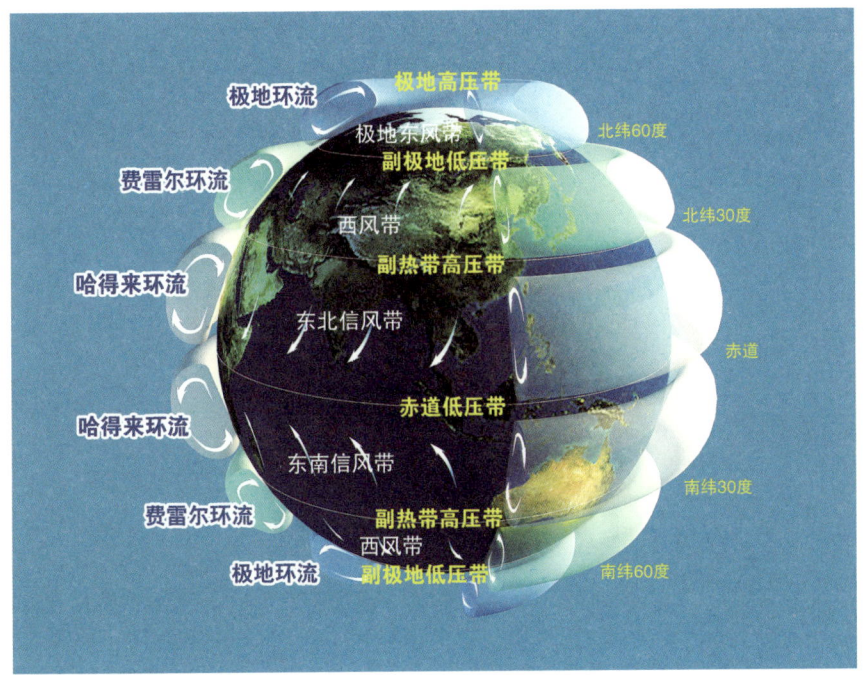

三圈环流示意图

流及三圈环流。他认为每一个半球有三个环流圈，太阳不均匀加热所引起的极地与赤道间的密度梯度能导致经向运动，在东西向科氏力的作用下可以形成哈得来曾经设想过的东风和西风。他指出由于引力的作用，低纬度地区的东风和较高纬度地区的西风应该从赤道和极区偏向副热带地区，因此产生赤道地区和极区气压较低、副热带地区气压较高的结果。费雷尔提倡以数学公式从事气象学研究。1859 年，他对自己的大气环流图进行了修正，使得大气环流理论可以满足平衡上的要求。而且他还提出大气运动方程和热力风的关系式，并使用热力风的关系式来帮助解释他的大气环流理论。1861 年，他第一次提出大气运动方程组，并获得一个符合模式的近似值。1889 年，费雷尔再次对他的大气环流图进行修正，主张要考虑温度场的分布，而不是太阳热量的分布。进入 20 世纪以后，费雷尔的理论被后人一再证明并不断得以细化。

第 3 章　第二次飞跃：
地面天气图与挪威学派

从 19 世纪中叶开始，地面气象观测网逐步建立，天气图诞生，无线电报的发明使绘制当日天气图成为可能，V. 皮叶克尼斯（V.Bjerknes，1862—1951 年）创立了锋面学说，提出了著名的斜压概念和环流理论，从此天气学和动力气象学形成并得到发展。

3.1 地面天气图的出现和应用

3.1.1 地面气象观测站网的产生

1653 年，裴迪南二世在意大利北部的佛罗伦萨建立了世界上第一个气象观测站。同年，他领导建立了一个包括 10 个测站的欧洲气象观测网。18 世纪 80 年代，德国气象学家 J.J. 哈默尔在德国创立了世界上最早的气象学会——巴拉基纳气象学会。巴拉基纳气象学会在德国气象观测家和物理学家第欧德的赞助下，组建了由欧洲、北美洲和西伯利亚地区共 20 个国家的 57 个气象观测站构成的观测网。气象观测站网的建立和逐渐扩大，观测项目、观测时间和记录格式的逐步趋于统一，对大气科学研究的进展具有非常重要的意义。

3.1.2 地面天气图的产生及应用

1820 年，德国物理学家布兰德斯（Heinrich Wilhelm Brandes，1777—1834 年）绘制了世界上第一张天气图。他根据天气图分析认为，风向和气压的高低有关，并且认为高气压区一般天气良好，低气压区一般天气恶劣。天气图的出现是近代气象学研究起点的一个重要标志，布兰德斯也因此被誉为近代气象学的先驱。天气图的出现为分析气压、风和云雨之间的关系及建立天气系统的概念做出了贡献。

白贝罗（Buys Ballot，1817—1890 年）是荷兰著名气象学家和物理学家。1851 年起，他开始收集欧洲各地的每日天气图，从事预报研究，他在 1857 年发表了白贝罗定律，即"背风而立，在北半球的低气压中心在左，高气压中心在右；在南半球相反"。也就是说，假定有人背对地面风向，在北半球的观测者可发现低气压中心在其左方，南半球则相反。后人为了纪念他的贡献，将以上定律称为白贝罗定律，因该定律可确定风暴中心的位置，又称之为风暴定律。

电报的发明为各地气象资料的迅速传递和集中提供了条件，使绘制当日天气图成为可能。1851 年，英国的格莱谢尔利用电报传送气象资料，绘制天气图，并以石印的方式印刷出来。

1856 年，法国建立了世界上第一个正规的天气预报服务系统。法国首先应用天气图开展天气预报工作，并组建了气象观测网，1860 年创立了风暴警报业务。从此，绘制天气图成为气象部门的一项日常业务，并陆续推广到欧美各国。

1860 年，英国气象办公室主任菲茨罗伊把用电话收集到的英国天气报告绘制成天气图，并每天在报纸上公布；1863 年 9 月 7 日，巴黎观象台绘制并出版了欧洲天气概况；1875 年 4 月 1 日，伦敦《泰晤士报》开始刊登弗朗西斯·高尔顿绘制的天气图；1876 年，《先驱报》刊登了第一幅美国天气图。伴随着各国天气图的出现，天气预报业务呼之欲出。

3.2 天气预报业务的发展

1853—1856 年，为争夺巴尔干半岛，沙皇俄国同英、法两国交战，爆发了克里米亚战争。1854 年 11 月 14 日，双方在欧洲的黑海激战时，风暴突然降临。海上掀起万丈狂澜，英法舰队险些全军覆没。战后，法军作战部要求法国巴黎天文台台长勒弗里埃仔细研究这次风暴的来龙去脉。勒弗里埃写信给各国的天文、气象工作者以收集资料，之后陆续收到了 250 封回信。勒弗里埃对这些资料进行了认真分析研究，查明了黑海风暴的发展移动过程，并做出设想：在电报已经发明的情况下，如果在欧洲大西洋沿岸一带设有气象站网，用电报迅速把观测资料集中到一个地方，绘制成天气图，就有可能推断出未来风暴的运行路径，及时把风暴情况电告英法舰队，惨重的损失是完全可以避免的。人们也逐渐认识到，准确预测天气不仅有利于行军作战，而且对工农业生产和日常生活都有极大的好处。

19 世纪中期，美、英、法等西方国家开始利用电报接收各观测站的天气观测资料，开展天气预报业务。

1872 年，中国上海徐家汇观象台建立并开展天气预报工作。

1911 年，中国山东青岛观象台开始制作天气预报。

1912 年，中央观象台在北京成立，先设天文、历数、磁力三科，1931 年又设气象科，蒋丙然任气象科科长。1915 年，蒋丙然亲自绘制了第一张中国人发布的天气图。1916 年，中央观象台正式以天气图的方法做预报，每日天气预报分两次对外公布，预报内容分风向和天气两项。

【延伸阅读】青岛气象观象台

1898 年 3 月 1 日，德国殖民当局在今青岛馆陶路 1 号设置简易气象观测站，开展气象观测工作，同年 4 月 26 日定名为"气象天测所"，10 月迁至上海支路一带继续观测。

1905 年，气象天测所迁至水道山（今观象山），1911 年更名为"皇家青岛观象台"，开展天文、气象、地磁、地震等观测及研究。青岛是中国最早开展气象、天文、海洋、地震等多学科研究的城市之一。

1914 年 11 月 20 日，日本占领青岛，将观象台更名为"测候所"，继续进行气象观测，收集青岛的气象资料。

1898 年 3 月 1 日，在今青岛馆陶路 1 号设置的简易气象观测站

青岛观象台制作的第一张天气图　皇家青岛观象台

　　1922 年 12 月 10 日，中国北洋政府收回胶澳主权，设胶澳商埠督办公署，青岛测候所改称胶澳商埠测候局。但是，当以北京中央观象台气象科科长蒋丙然为组长，东南大学教授竺可桢、天文学家高平子为委

竺可桢在工作

左起：徐汇平①、高平子、蒋丙然、宋国模②

———————————

①②徐汇平和宋国模皆为当时观象台的工作人员。

中国气象学会诞生地

员的接收小组准备接收青岛观象台时，日方却以"中国无此专门人才"等种种借口予以阻挠。

　　1924 年 1 月下旬，蒋丙然在北京联络气象、天文界的科技名流竺可桢、高平子等八人齐聚青岛，再一次接收测候所。经过据理力争，中国于 2 月 15 日正式接收青岛测候所，当日就开展观测工作。1924 年，胶澳督办公署将青岛测候所改名为"胶澳商埠观象台"，蒋丙然任台长。

　　民国初年（1912 年），中国气象界的有识之士从建立民族气象事业的意愿出发，积极酝酿组建气象学会。1924 年，高鲁、蒋丙然、竺可桢等人在青岛共同发起组建中国气象学会，得到国内气象界人士的积

极响应。1924年10月10日，中国气象学会在青岛胶澳商埠观象台召开了成立大会，蒋丙然被推举为会长，揭开了中国气象事业发展史上具有重要意义的一页，对近代气象科学的发展产生了深远的影响。

1938年1月，日本又一次占领青岛观象台，并于1942年5月设立沧口机场测候所；1943年5月1日，在崂山设立测候所，大肆收集青岛的气象资料。

1945年抗日战争胜利后，青岛观象台的各项业务得到迅速恢复和发展，拥有30余名科技人员，成为一个从事气象、天文、海洋、地震、磁力等多学科的综合性学术机构，下设三科四室及青岛水族馆和李村、崂山高山测候所。青岛观象台成立后，在学术研究方面出现了新的高潮，出版了《学术汇刊》《观象月报》《月及月蚀》《潮汐表》等许多书刊。1948年11月，青岛观象台编辑出版了集学术资料、论著、文献于一体，近百万字的《青岛观象台50周年纪念特刊》。青岛观象台还与世界各大洲32个国家50多个地区建立了关系，开展交流和学术往来。

2014年4月8日，100多年前德国占领时期在青岛本地观测并被记录的珍贵气象历史资料（1898—1914年）由德国汉堡气象局移交给青岛市气象局。

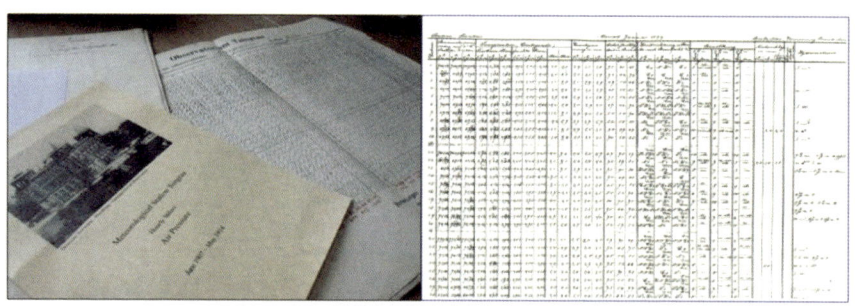

德占时期观测记录资料

3.3 气候学的发展

气候学是一门非常古老的学科，古代文明对气象的研究往往先从总结气候规律入手。但是，现代气候学的发展并不算早，航海大发展之后，人们逐渐对世界气候有了量化的认识。

德国地理学家、博物学家洪堡（Alexander von Humboldt，1769—1859 年）开创性地绘制出了世界等温线图，并对世界各地的气候差异进行了研究。1817 年，洪堡制作了第一张世界年平均气温分布图，这对于气候学的发展意义深远。1823 年，在洪堡这张气候图的基础上，美国地理学家伍德布里奇绘制了带有等温线的世界地图，较为准确地划分了世界的气候带。

德国气象学家多弗（Heinrich Wilhelm Dove，1803—1879 年）是气候学研究领域另一位杰出的先驱者。1828 年，他在反复研究热带气旋的工作中首先完整地描述了热带气旋的形成过程。

1869 年，苏格兰气象学家巴肯（Alexander Buchan，1829—1907 年）绘制了全球 2 月份平均气压场分布图。1882 年，卢米斯（E. Loomis，1811—1889 年）绘制了世界年平均雨量图，大量气候图的出现推动了气候学向崭新的时代迈进。

这一时期，气候学的知识体系开始建立和传播。1883 年，奥地利气象学家汉恩出版了《气候学手册》，对气候学的发展起了很大的推动作用。1884 年，俄国的沃耶伊科夫编著了《全球气候和俄国气候》一书，讨论了气候形成过程及太阳辐射、大气环流、水分循环、下垫面性质等对气候形成的作用。1892 年，"厄尔尼诺"这个概念被卡米洛船长首次提出。

德国气象学家柯本（W. P. Koppen，1846—1940 年）从 19 世纪

80 年代起就致力于世界气候带的划分。1884 年，他根据月平均温度将世界划分为六个主要温度带。在随后的时间里，他又不断细化和修订补充世界气候分布图。1930 年，柯本发表了《气候学手册》，对气候学做了较为全面的论述和介绍。

中国在物候学研究方面最杰出的科学家是气象学家竺可桢（1890—1974 年），他撰写的《物候学》提出了中国的气候区划与农业生产的关系。他撰写的《中国近五千年来气候变迁的初步研究》，充分利用我国古代典籍和地方志的记载、考古的成果、物候观测和仪器记录资料，去伪存真，得出了震惊国内外、让人信服的结论。

3.4 挪威学派及主要成就

挪威学派创立于 1917 年，其创始人和领导者 V. 皮叶克尼斯是现代天气学、大气动力学和天气预报的奠基人之一。挪威学派在天气学理论、天气分析和天气预报方法上都做出了卓越的贡献。他们形成和发展了气团、锋面、气旋理论等，创建了现代气象史上最著名的学说——极锋学说，脱离了过去完全凭经验从事天气预报的状况，为天气分析开创了一个新天地，领导世界气象学研究进入了新阶段，为实用天气学和天气预报学奠定了深厚的理论基础，极大地促进了天气预报技术的发展。

3.4.1 现代天气学之父——V. 皮叶克尼斯

V. 皮叶克尼斯提出一套新的环流理论，第一次将近代物理和数学发展的重要成果——流体力学和热力学结合起来，应用于大气和海洋的大尺度运动研究中，也就是把数学方程应用到了世界上最大的流体系统领域——海洋和大气。他认为，在海洋中温度和盐度会影响密度；而在大气中，温度和湿度同样会影响密度，从而产生运动。V. 皮叶克尼斯的环流理论从数学角度解释了当温度变化时流体中的变化：空气受热时，会变轻上升；空气受冷时，会变重下沉。这为近代物理学理论和数学演算方法应用于和人类休戚相关的海洋和大气圈层指明了道路。1904 年，他提出了一个着眼于未来的物理天气预报计划，并从此开始将自己的研究领域从一般物理学向气象科学倾斜。

V. 皮叶克尼斯

　　V. 皮叶克尼斯的研究成果揭示了大气是由持续运动的气团构成的，各种大气现象会在不连续位置发生。1917—1918 年，挪威学派发现了暖锋，并得出了概括冷锋、暖锋、锢囚锋、静止锋和低压及其云雨分布的完整气旋模式，提出了反映气旋生命史的极锋理论，并把上述模式、理论和学说应用于日常的天气分析和天气预报，提高了天气预报的精确度。

　　现代天气学理论、天气分析和天气预报方法基本上是由挪威学派的科学家在 20 世纪 20—30 年代建立起来的。V. 皮叶克尼斯的研究成果成为理论气象学和应用气象学的基础，为他赢得了现代天气学之父的赞誉。V. 皮叶克尼斯还研究了融合线（也称切变线，两股不同方向的风相遇的位置）和飑线（伴随着强风的急速暴雨）之间的关系，并指导其子 J. 皮叶克尼斯研究气旋风暴结构，最终创建了极锋学说。

3.4.2 现代气象学宗师——J. 皮叶克尼斯

J. 皮叶克尼斯（J.Bjerknes，1897—1975 年）为 V. 皮叶克尼斯之子。他对气象学的主要贡献是把锋面和天气现象联系起来进行研究，提出了科学预报天气的方法。

J. 皮叶克尼斯研究了大规模波动中的三维空间结构，首次发现中纬度存在西风带。

J. 皮叶克尼斯最先关注的是北大西洋区域的海气相互作用现象，他认为 20 世纪初北大西洋偏暖现象可能是由风应力加强使湾流加速造成的。

J. 皮叶克尼斯

他发现北大西洋海表温度的年际变化与西风强度有关系：强西风年，冰岛、格陵兰岛以南海面温度（SST）偏低，湾流区 SST 偏高。J. 皮叶克尼斯分析了冰岛和亚速尔群岛区域的海表面气压差异，研究了北大西洋 SST 和海平面气压的相关性，指出年际尺度 SST 异常主要与局地海气界面潜热和感热通量变化有关，年代际尺度 SST 异常主要与海洋环流和海洋热交换有关。

J. 皮叶克尼斯在海气相互作用和大气环流方面都有极大的贡献，由他提出的厄尔尼诺循环概念所引发的海气耦合系统研究持续至今。1969 年，J. 皮叶克尼斯提出了海洋温度和大气之间存在正反馈理论，被称为皮叶克尼斯假设（Bjerknes Hypothesis）。他认为，南美洲西海岸海表面的热量会减弱从东北和东南吹向赤道的风，减弱后的风会削弱寒冷暗流的上涌，从而导致海平面进一步升温，持续进行正反馈，这种太平洋地区循环升温的现象被称为厄尔尼诺现象。

J. 皮叶克尼斯对哈得来环流诊断发现，厄尔尼诺年环流偏强、北太平洋西风增强，进而影响到北美天气，甚至能影响到欧洲。这种气候异常被理解为暖水区和赤道中太平洋之间的"遥相关"。

J. 皮叶克尼斯进一步指出，厄尔尼诺并不只是秘鲁沿岸的局地海洋事件，而是能够影响大气及整个热带太平洋的振荡变化，是海气相互作用的结果。他指出，沿赤道东西方向的热力差异会导致赤道太平洋上空形成东西向垂直空间内的热力直接环流圈，即"沃克环流"，并给出在赤道上空大气与外界没有交换的情况下理想的环流型，这一纬向环流圈概念模型丰富了人们对大气环流的认识。他提出，厄尔尼诺（El Niño）和南方涛动（SO）是同一现象的不同侧面，将二者合在一起称为厄尔尼诺—南方涛动（ENSO）；它们通过沃克环流相联系，而沃克环流可视为更大尺度南方涛动机制的一部分。当热带信风减弱时，赤道东太平洋温跃层变深，海温增暖，使信风进一步减弱，构成完整的正反馈，此即皮叶克尼斯假设。

【延伸阅读】皮叶克尼斯父子
现代天气之父——V. 皮叶克尼斯

V. 皮叶克尼斯是挪威著名的气象学和物理学家，曾任瑞典斯德哥尔摩大学力学和物理学教授、德国莱比锡大学地球物理研究所教授及所长等职务。他研究了大气的运动，并且提高了天气预报的精确度。他通过解释锋面（两个气团相遇的界面）的运动，应用流体动力学和热力学来描述天气。

V. 皮叶克尼斯创立了卑尔根（Bergen）地球物理研究所（1917 年），带领和指导了一批优秀的气象科学家。在他的领导下，挪威的卑尔根成为一个极具影响的气象学研究中心和专注于气旋研究的机构。他的研究成果成为理论气象学和应用气象学的基础，为他赢得了现代气象学之父的赞誉。

1862 年 3 月 14 日，V. 皮叶克尼斯出生在挪威的克里斯蒂安尼亚（Christiania，1925 年更名为奥斯陆（Oslo））。他的父亲卡尔·皮叶克尼斯，是以电磁学和流体中力传输为研究方向的数学家和物理学家。1880 年，V. 皮叶克尼斯进入克里斯蒂安尼亚大学（现在的奥斯陆大学）学习数学和物理，和父亲合作开展研究。1887 年，V. 皮叶克尼斯开始独立研究，同时攻读硕士学位。

在 1888 年获得理科硕士学位后，V. 皮叶克尼斯得到了巴黎提供的奖学金，在那里他有幸聆听到法国数学家庞加莱（Henry Poincare）关于电力学（研究电流的学科）的课程。之后，他从法国来到德国波恩，出任德国物理学家赫兹（Heinrich Hertz）的助手。当时赫兹已经证明了电波的存在，证实了英国物理学家麦克斯韦（James Clerk Maxwell）19 世纪中叶的猜测。这一发现使 V. 皮叶克尼斯的父亲不得不放弃远距离电磁力运动的研究，因为电磁力并不会进行远距离运动，它们只会通过媒介以电波的形式进行点对点传输。V. 皮叶克尼斯和赫兹对电反应的研究是无线通信技术的发展基础。此后，V. 皮叶克尼斯回到挪威继续深造，1892 年，他获得了克里斯蒂安尼亚大学物理学博士学位。

1893 年，斯德哥尔摩矿业学院聘请他担任应用力学讲师。1895 年，他在斯德哥尔摩大学出任应用力学和数理物理学教授。

到达斯德哥尔摩后不久，V. 皮叶克尼斯在父亲的指导下把流体力学作为自己研究的中心。他把掌握的通过电波辐射而进行的电磁力传播、通过媒介进行的点对点传播的能量干扰方面的专业知识，应用到流体力学领域。是什么原因导致了流体内产生运动？在流体内力进行远距离传输的机制又是什么？他假想了一个被另一种不同浓度的流体包围的流体实体。经典理论解释：由于压力不同，流体系统中不同浓度流体的分布也不同。但是 V. 皮叶克尼斯的研究显示这种结果是在内部流体和外部流体的边界进行的流体迂回运动——旋涡造成的。他的结论与人们广泛接受的认为这种运动在可压缩流体内守恒——既不会产生也不会减弱的理论相悖。经过缜密的思索，V. 皮叶克尼斯认识到经典理论用压力的不同造成的浓度分布的不同来解释流体动力，而实际上，温度和成分的不同也会影响不同种类流体的浓度分布。1897 年，在这种认识的指引下，他通过把已有的定理扩展，吸纳热力学因素，提出了一套新的环流理论。

这一物理流体力学理论的效用在于 V. 皮叶克尼斯把数学方程应用到了世界上最大的流体系统领域——海洋和大气。在海洋中，温度和盐度会影响浓度；而在大气中，温度和湿度同样会影响浓度，从而产生运动。

热力学原理可以解释气体的简单混合物的运动，太阳发出的热能促使地球大气分子运动，这些分子的运动造成分子间相互摩擦。摩擦产生额外的热量，从而带来更频繁的分子运动。V. 皮叶克尼斯的环流定理从数学角度解释了当温度变化时流体中的变化：空气受热时，会变轻上升；空气受冷时，会变重下沉。

1904 年，V. 皮叶克尼斯在斯德哥尔摩物理学会（Stockholm Physics Society）发表了一次题为"一种天气预报的理性方法"的演讲。他把数学方程式应用到原始大气数据信息中，提出一个开展数值天气预报的计划。由于大气的运动是天气类型的源泉，把热力学知识和流体力学原理结合起来将使天气预报更加精确。当前的大气状况是自然力作用在先前大气上的结果，因此，把物理学原理应用到已知的原始大气状况上可以让人们准确地预报未来的大气状况。V. 皮叶克尼斯的想法非常独特，与简单描述流体的物理状况不同，他把物理原理应用到特有天气现象的发展、变迁和终结上。用这样的方法提高预报的精确度，使天气预报更加可信。1905 年，他到美国为自己的气象计划寻求资金支持。华盛顿卡内基研究院对他的计划很感兴趣，为他雄心勃勃、富有远见的计划提供了长达 36 年的资金支持（直到 1941 年）。这项资助在战争期间也没有终断过，使得 V. 皮叶克尼斯以及后来他的继任者们能够吸引一流的科学家加入他们的研究队伍，在几次最困难的时候，能够把研究工作持续下去而不是半途而废。

1907 年，克里斯蒂安尼亚大学任命 V. 皮叶克尼斯担任应用力学和数理物理学教授。他的研究目标是开发把物理力学应用到大气和海洋环流中的新方法，但是他需要大量数据来向人们说明如何应用这种方法，并且让人们相信这种方法的有效性。在开始几年，V. 皮叶克尼斯在克里斯蒂安尼亚大学投入了大量精力来说服同辈科学家，让他们承认进行标准单位和数据收集的国际合作，从而完成他的"科学地征服大气"项目。他与桑德斯特伦（Johann Wilhelm Sandstrom）合作完成了《动力气象学和水文学》（Dynamic Meteorology and Hydrograhy，1910 年）系列丛书第一卷，解释了他的观点，描述了大气和海洋的静止状态。次年，他和两个助手海赛保（Theodor Hesselberg）、戴维克（M.Devik）联合出版了第二卷《运动学》——不涉及物体的质量和力的纯运动研究。1951 年，他的合作者撰写的第三卷出版。多年来，人们对这套丛书的反响热烈。

V. 皮叶克尼斯接受了德国莱比锡大学地球物理学教授职务，于1913 年一到任就建立了新的地球物理研究所，也是第一个特别为大气科学设置的学术研究和培训机构。融合线——两股不同方向的风相遇的位置，成为莱比锡大学地球物理研究所研究的焦点之一，皮叶克尼斯小组寻找融合线和飑线（伴随着强风的急速暴雨）之间的关系。在莱比锡期间，V. 皮叶克尼斯的声誉日盛，但是 1914 年第一次世界大战的爆发打断了他的研究。当挪威海洋学者和极地探险家南森（Fridtj of Nansen）为他提供在卑尔根建立新的地球物理研究所的机会时，V. 皮叶克尼斯欣然接受，并于 1917 年夏率领其子 J. 皮叶克尼斯及其他气象学家等回到挪威，继续从事研究工作，并指导其子研究气旋风暴的结构，最终创建了极锋学说。1926年，V.皮叶克尼斯接受了更名为奥斯陆大学的他的母校的力学和数理物理学教授职位，在那里他一直工作到1932年退休。在他职业生涯的晚年，他教授理论物理，继续研究流体力学，研究太阳黑子的性质，写作科学著作和文章，并且坚持不懈地把气象学从随意的观察资料收集和偶然的投机预测转变成严谨的科学。

1932年，他担任国际测地学、地球物理联合会国际气象和大气科学协会会长。美国国家科学院和英国伦敦皇家学会接纳他为外国院士。他还隶属于挪威奥斯陆科学院、华盛顿科学院、荷兰科学院、普鲁士科学院、爱丁堡皇家学会和罗马教皇学院。许多大学授予他荣誉学位，他还获得了海洋学阿加西奖、气象学西蒙斯奖和气象学拜斯巴罗特（Buysballot）奖。1951年，V.皮叶克尼斯在挪威奥斯陆因心力衰竭去世。为了纪念他，1995年，欧洲地球物理学会海洋和大气部设立皮叶克尼斯奖，用以表彰每年为大气科学研究做出卓越贡献的科学家。

近代气象学宗师——J.皮叶克尼斯

J.皮叶克尼斯，挪威著名气象学家V.皮叶克尼斯之子，原籍挪威，后入美国籍，出生于瑞典斯德哥尔摩。尽管是在父亲的引导下进入气象学研究领域，J.皮叶克尼斯还是作为气象学领域的宗师，为自己赢得了声誉。气象学家们把这对父子的成就归功于他们的团队合作和互补的能力。

J.皮叶克尼斯年轻时，随父亲工作地点的变更而流转四方，1917年开始在德国莱比锡大学帮助父亲工作，同年随父前往挪威南部海岸。1918年，J.皮叶克尼斯成为卑尔根气象局（Bergen Weather Service）的首席预报员。1918—1920年间在卑尔根测候所工作，1920—1931年任卑尔根地区天气预报官，1924年毕业于奥斯陆大学，1931年成为卑尔根博物馆气象学教授。1931—1940年继其父接任卑尔根地球物理研究所教职。

J.皮叶克尼斯对气象学的主要贡献是提出了科学的预报天气方法，这源自他对锋面的分析以及把锋面同其他天气现象结合起来的分析。自20世纪20年代中期起至20世纪30年代，随着高空气象观测站的增多及高空气象观测技术的进步，J.皮叶克尼斯首先研究了大规模波动中的三维空间结构，因而首先发现了中纬度西风带的存在，并揭示出控制平流层波动与地面低压相关的必要物理机制。

20世纪30年代，J.皮叶克尼斯进一步发展了关于气旋和反气旋活动的理论，把上层气流纳入了研究体系，这为他20世纪50年代对射流的研究开辟了道路。除了创建极锋学说以外，他还首创了气象热力学中的气片法（Slice Method）。他在海气相互作用和大气环流方面都有极大的贡献，如对大规模的和长期性的海气交换作用、海水上涌作用和气团差异所引起的长期海面温度差异、盛行风对各种不同海流平流作用的影响、热带环流强度的变化动量传送作用对西风带的影响等的研究。1969年，J.皮叶克尼斯提出了海洋温度和大气之间存在正反馈的理论，被称为皮叶克尼斯假设。他认为南美洲西海岸外海面温度的热量会减弱从东北和东南吹向赤道的风。减弱后的风会削弱寒冷暗流的上涌（一个通常会冷却水面的活动），从而导致海平面的进一步升温，持续进行正反馈循环。这种太平洋东部地区循环升温的现象被成为厄尔尼诺。

1939年，J.皮叶克尼斯赴美讲学，当时德国入侵了挪威，致使他无法回到祖国。1940年，加州大学洛杉矶分校（UCLA）聘请他为气象学教授，同时担任物理系气象学组的组长。五年后，他建立了气象学系，亲自担任系主任，并为美国空军气象部建立气象培训班。加州大学洛杉矶分校气象学系发展迅速，后来成为世界一流的气象学教学和研究机构，是最有名的大学气象系之一。1975年7月7日，J.皮叶克尼斯逝世于美国。

第4章　第三次飞跃：
　　　　高空天气图与芝加哥
　　　　学派

伴随着高空探测技术的发展，人们获得了更多的高空气象资料，对大气的垂直结构有了真正的了解。芝加哥学派的创始人罗斯贝 (Carl-Gustaf Rossby, 1898—1957 年) 发现，在高空天气图上，北半球的高空大气环流具有自西向东的绕极气流，在其上叠加有波长数千千米的波动，它们自西向东传播，有自身结构和运动规律。基于这些发现，罗斯贝于 1939 年提出了长波动力学，创立了长波理论。他在中纬度西风急流、位势涡度守恒、热带环流、数值预报、海洋环流等多个领域的研究上取得了开拓性和具有影响力的成就。

4.1 高空探测技术的发展

4.1.1 探空气球

1748 年，英国人威尔逊和梅尔维尔首先在苏格兰将小型温度计系在风筝上，施放到空中观测低空温度的变化，开启了风筝探空的先河。欧洲在 1773 年就开始有人使用氢气球进行空中探测。1783 年，法国人查理斯在巴黎将自记温度计和自记气压计系在自制的氢气球下面，释放至高空，因为气压降低时气囊会发生膨胀，达到一定高度时气球会破裂，自记气象仪器就随降落伞徐徐降落到地面。查理斯利用这种方法测量巴黎高空温度和气压的变化。1784 年，英国人杰弗莱也在英国将自记温度计和自记气压计系在氢气球下面，探测高空气温、气压的变化。

4.1.2 无线电探空仪

无线电探空仪是 20 世纪的一项重要发明，它标志着业务化高空探测时代的来临。1923 年，美国科学家布赖尔把蜂音器振荡电路装在气球上，在地面得到长达 20 分钟的信号，这是无线电探空仪的首次成功使用。1926 年，德国林登堡高空气象台也开始了无线电探空仪研究，成功接收到发报机发自平流层的信号。1928 年，苏联气象学家莫尔恰诺夫发明了时间间隔式无线电探空仪，这是最早的可实际用于观测的无线电探空仪。1932 年，芬兰人维萨拉发明了一种可变电波波长的无线电探空仪。从此以后，无线电探空仪逐渐为世界各国气象局采用。

4.1.3 气象雷达

1935 年，英国科学家华特森·瓦特通过使用连续性电磁波发射系统进行试验，成功制造出世界上第一部雷达。1941 年 2 月，英国人制造出 10 厘米波长、3000 兆赫兹频率的雷达，并利用检测到的距离海岸 7 海里（约 13 千米）处雷阵雨降水回波信号，证实了雷达可以用于气象探测。1943 年，美国雷达专家李格达首次将雷达用于观测激烈风暴，从此诞生了利用雷达观测和研究大气状况的科学——雷达气象学，李格达也被后人称为雷达气象学的开山祖师。

1958 年，我国设计制造了用于气象观测的高空探测雷达；20 世纪 60 年代末，研制成功 711 型 X 波段（3 厘米）天气雷达，80 年代先后研制成功 713 型 C 波段（5 厘米）天气雷达、714 型 S 波段（10 厘米）天气雷达，1999 年后我国开始有计划地布设新一代多普勒天气雷达网。山东省第一部天气雷达是 1973 年布设在山东半岛成山头的测台风雷达。

成头山（石岛）雷达

4.1.4 气象卫星

1958 年，美国将气象仪器载入人造卫星进行发射。1959 年 2 月 17 日，美国发射世界上第一颗气象卫星——先锋 2 号卫星，但因为自转轴不稳定，数据无法被利用。1960 年 4 月 1 日，美国成功发射了世界上第一颗试验性气象卫星"泰罗斯 1 号"。1966 年 2 月 3 日，美国研制并发射了第一颗实用气象卫星"艾萨 1 号"。气象卫星的出现和应用，在很大程度上改变了大气科学的研究方式和思维模式。

我国于 1988 年 9 月 7 日成功发射了第一颗极轨气象卫星，1997 年 6 月 10 日成功发射了第一颗静止气象卫星，至 2017 年底，已先后发射了 16 颗气象卫星（极轨卫星 8 颗，静止卫星 8 颗）。

第一颗试验性气象卫星——泰罗斯 1 号

【延伸阅读】气象卫星的发展历程
一、极轨气象卫星的发展历程

1.美国极轨气象卫星的发展

1960 年 4 月 1 日，美国成功发射了第一颗试验性气象卫星"泰罗斯 1 号"（TIROS-1，电视红外观测卫星），从而开创了人类从太空探测地球大气的新纪元。截至 1965 年 7 月 2 日，总共发射了 10 颗泰罗斯卫星，这些卫星均携带光电摄影系统和红外辐射计，前者用以在白天拍摄可见光图片，后者昼夜均可工作。经过以上 10 颗气象卫星对卫星轨道（近极地太阳同步轨道）、自旋稳定的姿态控制（飞轮控制）、遥感探测器（光电摄像系统和红外辐射计）和图像传输方式（APT，自

051

动图像传输系统）等的试验验证，直接推动了美国第一代试验业务气象卫星的诞生。

（1）美国第一代试验业务气象卫星。1966—1969年，美国共发射了9颗以环境勘测局(ESSA)命名的泰罗斯业务气象卫星——托斯(TOS)。此卫星由环境科学服务局负责运行、管理。这一代卫星的主要功能是获取全球范围的白天云图和实现云图的直接分发服务。

（2）美国第二代业务气象卫星。1970—1978年，美国共发射了5颗以美国国家海洋和大气管理局（NOAA）命名的气象卫星（包括改进的泰罗斯卫星艾托斯和NOAA-1～NOAA-5）。这是第一批采用三轴稳定姿态控制技术的业务气象卫星。星上的可见光及红外扫描辐射计（SR）和1972年开始采用的甚高分辨率扫描辐射计（VHRR）使卫星不但实现了昼夜连续定量观测，还开始了多通道高分辨率扫描辐射观测。

（3）美国第三代业务气象卫星。1978—1998年，美国共发射了新一代泰罗斯卫星（New Tiros）10颗，命名为TIROS-N和NOAA-6～NOAA-14。卫星的主要变化是由4个或5个通道的先进甚高分辨率扫描辐射计（AVHRR）代替了VHRR，增加了由高分辨率红外探测器（HIRS）、微波探测器（MSU）和平流层探测器（SSU）组成的探测大气温湿度垂直分布的仪器组合TOVS，同时还有太阳后向散射紫外辐射计（SBUV）和空间环境监测器（SEM）。气象卫星具有了同时获取多通道图像和大气温湿度垂直分布的能力。

（4）美国第四代业务气象卫星。1998—2009年，美国共发射了5颗先进的泰罗斯-N系列卫星，命名为NOAA-15～NOAA-19。6通道的AVHRR代替了5通道的AVHRR，HIRS-2取代了HIRS，AMSU（A/B）代替了MSU和SSU。这些变化使气象卫星可以遥感有云情况下的大气温、湿度，实现了全天候的三维大气遥感探测，并能很好地区分云和雪。

（5）美国第五代业务气象卫星。2011年NPP卫星的成功发射，标

志着美国以 NOAA 命名的极轨业务气象卫星时代的结束和新一代以 NPP/
JPSS（联合极轨卫星系统）命名的极轨业务气象卫星时代的开始。NPP
是 NOAA－19 与 JPSS 两代业务卫星之间的桥梁。JPSS 计划发射两颗，
JPSS－1、JPSS－2。NPP 卫星主要装载五种仪器：可见光 / 红外成像辐
射计（VIIRS）、先进技术微波探测器（ATMS）、跨轨扫描红外大气探
测器（CrIS）、臭氧成图和廓线仪装置（OMPS）及云和地球辐射能量系
统（CERES）。星上的这些遥感探测器使它具有获取多通道图像、全天
候气象要素三维分布、气溶胶和云的微物理特性、大气成分和地球大气
辐射收支等地球物理参数的能力。

　　2. 欧洲极轨业务气象卫星的发展

　　欧洲气象卫星组织（EUMETSAT）的极轨气象卫星计划起步较晚，
但起点高，其第一代极轨业务气象卫星就具有较高水平，发挥了很好的
作用。2006 年欧洲气象卫星组织发射了第一代业务极轨气象卫星的第
一颗星 METOP－A，目前已进入业务运行状态。METOP 系列由 3 颗卫星
构成，METOP－B 于 2012 年发射，METOP－C 于 2017 年底发射。该系列
卫星包括 9 种对地遥感仪器，其中具有显著特色的是红外大气干涉探测
器（IASI）、全球臭氧监测仪（GOME）、GPS 掩星探测器（GPS－S）、
散射计（ASCAT）、空间环境监视器（SEM）。在 9 种仪器中有 4 种由
美国 NOAA 提供，其余 5 种由欧洲自行研制。它的探测能力与美国的
NPP 相当。

　　3. 中国极轨气象卫星的发展

　　1988 年 9 月 7 日，命名为"风云一号"的中国极轨气象卫星的第
一颗试验星"FY－1A"发射成功。卫星获得了高质量的可见光图像，但
是由于水汽对探测器件的污染，红外图像没有成功。1990 年 9 月 3 日
发射的"FY－1B"解决了红外图像获取问题，但因受空间环境事件（高
能粒子流轰击）影响，出现故障。

（1）中国第一代极轨气象卫星。1999年5月10日发射的经过改进的"FY-1C"卫星，其工作寿命超过了设计要求，探测通道由5个增加到10个。2002年5月15日发射的"FY-1D"卫星，其寿命超过7年。以上两颗极轨气象卫星构成了中国的第一代业务星。

（2）中国第二代极轨气象卫星。"风云三号"（FY-3）气象卫星是我国第二代极轨业务气象卫星，是对"风云一号"气象卫星技术的发展和提高。它具有探测大气三维要素和参数、大幅度提高全球资料获取能力，进一步提高对云区和地表特征的遥感能力，从而能够获取全球、全天候、三维、定量、多光谱的大气、地表和海表特性参数。FY-3A于2008年5月27日发射升空，FY-3B于2010年11月5日发射升空，它们组成上午星和下午星，实现双星组网观测。FY-3A/B卫星遥感仪器涉及可见、红外、紫外、微波多个谱段，总共有11套仪器。"风云三号"02批卫星为业务星，共有5颗，设计寿命5年，可以持续发展10年左右，其技术状态和水平与欧洲正在运行的METOP和美国正在发展的NPP极轨业务气象卫星接近。

二、静止气象卫星的发展历程

1. 美国地球静止气象卫星的发展

1966年，美国宇航局（NASA）发射了首颗地球静止卫星——应用技术卫星（ATS-1），在星上进行了多项试验，利用地球静止轨道进行气象探测的可能性是其中之一。星上的旋转扫描云相机（SSCC）成功地每20分钟获取一幅地球全圆盘可见光图像。此后，宇航局又发射了2颗地球同步轨道气象卫星（SMS），探测器为可见光及红外自旋扫描辐射计（VISSR）。

（1）美国第一代业务静止气象卫星。1975—1978年，美国共发射了3颗命名为地球同步业务环境卫星GOES-1~GOES-3的地球静止业务气象卫星。星上的主要遥感探测器是可见光及红外自旋扫描辐射计。

（2）美国的第二代业务静止气象卫星。1980—1987 年，美国共发射了 4 颗 GOES 卫星，即 GOES－4～GOES-7。星上的主要变化是在 VISSR 上增加了探测大气温、湿度垂直分布的能力，即 VISSR 的大气探测器（VAS，可见光及红外自旋扫描辐射计大气探测器），以上两代卫星的姿态都是自旋稳定。

（3）美国第三代业务静止气象卫星。1994—2001 年，美国发射了 GOES－8～GOES－12 共 5 颗第三代业务静止气象卫星。其最大的改进是采用了三轴稳定的卫星姿态控制技术，使成像与垂直探测独立同时进行，对局部区域可以进行高频次监测。

（4）美国第四代业务静止气象卫星。当前运行的 GOES－13～GOES－15 为第四代业务静止气象卫星（2006—2010 年），星上有 5 通道成像辐射计、19 通道大气探测器、空间环境监视器和太阳 X-Ray 成像仪。

2. 欧洲静止气象卫星的发展

欧洲气象卫星组织（EUMETSAT）于 1977 年发射第一颗静止气象卫星 Meteosat－1，卫星采用自旋稳定的姿态控制方式，星上主要载荷为 3 通道可见光和红外自旋扫描辐射计（VISSR），该星发射成功后，由 VISSR 中的水汽通道获取的图像是全球第一幅水汽图像。

（1）欧洲第一代业务静止气象卫星。1977—2001 年，欧洲气象卫星组织共发射和运行了 7 颗与 Meteosat-1 同一型号的静止气象卫星（包括 Meteosat－1），成为欧洲的第一代星。

（2）欧洲第二代业务静止气象卫星。第二代星由 4 颗卫星组成。2002—2012 年已发射 3 颗，命名为 Meteosat－8～Meteosat－10。卫星仍然采用自旋稳定的姿态控制方式，但扫描辐射计的通道数增加到 12 个，空间分辨率可见光通道 1 千米，红外和水汽通道 3 千米，全圆盘观测时间 15 分钟，数据量化等级 10 比特。

3.中国业务静止气象卫星的发展

1986 年，我国第一颗静止气象卫星"风云二号"正式列入国家计划。第一颗试验卫星于 1997 年 6 月 10 日在西昌卫星发射基地发射，被命名为"FY－2A"。卫星的主要遥感观测仪器是多通道可见光及红外扫描辐射仪。

（1）中国第一代业务静止气象卫星。2004—2012 年，中国共发射了 4 颗业务静止气象卫星 FY－2C～FY－2F。与试验星相比，其主要发展是星上的可见光及红外自旋扫描辐射仪的探测通道由 3 个增加到 5 个，数据量化等级增至 10 比特。计划中第一代业务静止气象卫星还有两颗，即 FY－2G 和 FY－2H。

（2）中国下一代业务静止气象卫星。2016 年 12 月 11 日 0 时 11 分，我国在西昌卫星发射中心用长征三号乙运载火箭成功发射风云四号卫星。风云四号卫星实现了我国静止轨道气象卫星升级换代和技术跨越。风云四号卫星是我国静止轨道气象卫星从第一代（风云二号）向第二代跨越的首发星，也是我国首颗地球同步轨道三轴稳定定量遥感卫星，使用全新研制的 SAST5000 平台，设计寿命 7 年。卫星成功突破了代表国际前沿的高精度图像定位与配准、微振动测量与抑制等 20 余项核心关键技术，装载四种先进有效载荷，整体性能达到国际先进水平。

4.2 芝加哥学派及主要成就

以罗斯贝为首的芝加哥学派随着挪威学派的鼎盛逐渐发展起来，20 世纪 40 年代以后，芝加哥学派逐渐被气象学术界认定为主流学派。芝加哥学派囊括了罗斯贝、查尼、郭晓岚、叶笃正等众多气象界的名人，对气象学贡献卓越，大力推动了气象学的发展。芝加哥学派建立的重要理论包括大气运动的地转适应理论、长波能量频散理论、西风带在大气环流中的作用、大气运动尺度分析理论、长波斜压不稳定理论、长波正压不稳定理论等，是动力气象学历史上的重大发展。

4.2.1　地转适应理论

1938 年，罗斯贝指出，在大气环境中，一个初始时没有气压场支持的带状气流，当维持流速时会产生与地转偏向力相平衡的水平气压梯度力，由此他得出了气压场和风场相互调整和适应的结论。并且，在这两者的关系中，主要是气压场适应风场，即地转平衡遭到破坏后，通过气压场和风场的相互调整，重新建立起新的准地转平衡过程，这就是地转适应理论的由来。

4.2.2　长波理论

罗斯贝提出了著名的大气长波相速度公式，并合理解释了西风带上扰动的形成和移动。他认为，大气长波的活动往往与地面的锋和气旋、反气旋活动紧密联系在一起，长波的强度在对流层中是随高度增加的，一般说来，长波槽前对应着大范围的辐合上升运动和云雨天气区，槽后脊前对应着大范围辐散下沉运动和晴朗天气区。因此，长波是大尺度运动中的主要波动，这是近代大气动力学中最重要的发现之一。长波理论的建立，为近代数值天气预报奠定了物理基础。为纪念罗斯贝的重要贡献，长波也被称为罗斯贝波。

长波理论建立在地转适应理论基础（大尺度大气和海洋运动趋于地转平衡，并且适应过程很快，这样气压场和风场可以近似认为是在地转平衡条件下演变的）上。在绝对涡度守恒（d（$f+\zeta$）/d$t=0$）条件下，空气柱向北移动时，行星涡度 f 随纬度增加，相对涡度 ζ 就会减小，也就是如果初始时刻空气柱具有气旋性涡度，随着空气柱向北移动，气旋性会减弱，反气旋性加强；反之，当空气柱向南移动时，则气旋性加强，反气旋性减弱。绝对涡度守恒以及行星涡度随纬度变化是罗斯贝波的本质。

4.2.3 西风急流

罗斯贝指导他的学生纳米亚斯利用地面观测资料预测高空风速，并预估到太平洋上有一支西风急流。随着探空资料的增加，罗斯贝和当时在芝加哥大学访问的帕尔门共同提出了"西风急流"的概念，并强调了西风急流的重要性。

4.2.4 长波能量频散理论

20 世纪 40 年代末，叶笃正（1916—2013 年）创立了大气长波频散理论。他认为，大气是一种频散介质，当大气产生了某种扰动之后，其波动能量传播将快于扰动本身的传播，可以在扰动尚未到达的地方激发出新的扰动。同时，他提出了上游效应：上游大气受到扰动后，新的波动可以在初始波动下游产生。上游效应的提出，为现代大气长波的预报提供了理论基础，同时也对阻塞高压天气系统的生成、维持和移动给出了一种动力学解释。

4.2.5 大圆理论

叶笃正创立的长波能量频散理论 31 年后被霍斯金斯的"大圆理论"

所推广，成为对遥相关和遥响应的理论解释：无论在经圈方向伸展或是在纬圈方向伸展的强迫源都会在经向激起波列，这些波列传播的能量都会沿大圆传播。

【延伸阅读】罗斯贝与叶笃正

罗斯贝

罗斯贝

罗斯贝是瑞典人，以发现行星波（后来被称为"罗斯贝波"）而闻名，他是 20 世纪最有影响、最具创新能力的气象学家。他培养了众多学术界精英，并极大地推动了大气与海洋科学的发展。他为现代气象学和物理海洋研究开创了一系列全新的观测技术，并为高空风场和海洋流动的分析建立了非常美妙的动力理论。1956 年，罗斯贝作为封面人物登上美国《时代》周刊，报道中写到"现代气象学的发展毫无疑问是与罗斯贝紧密相连的……现代气象学的大部分引领者都是罗斯贝博士的朋友或学生"。

1926 年，在美国及斯堪的纳维亚基金会的资助下，罗斯贝来到位于华盛顿特区的美国国家气象局。他的任务之一就是将极锋理论应用于美国的天气预报。

1928 年，罗斯贝来到了麻省理工学院，建立了美国第一个气象系。长期以来，天气预报都是根据复杂的地面气象要素来制作的。罗斯贝试图摆脱这种现状，他开创性地尝试根据 5.5 千米高度气象场来进行天气预报。1936年，一项新的技术——气球携带的无线电探空仪开始使用。他便利用这种仪器测量从地面到12千米高度气象场来进行天气预报。正是基于这一较高时空分辨率的数据，罗斯贝才敏锐地意识到高空气流中大尺度行星波的存在。行星波的发现可以说是罗斯贝最重要的科学贡献，这种大气波动现在也称为罗斯贝波。1940年，通过对无线电探空仪的数据分析，罗斯贝指出存在一个自由大气层，在该大气层内，大气运动主要是由气压梯度力和地转偏向力之间的平衡来决定。行星波就是自由大气层内大气的波动，该波动的形成伴随着向赤道方向运动的极地冷气团和向极地方向运动的低纬度暖气团。

1957年夏天，罗斯贝因心脏病突发而逝世。他的突然去世是整个气象学界的重大损失。他曾预言，当人造卫星可以从太空观测地球时，气象学将进入一个伟大的时代。很不幸，他没能看到这个时代的到来。他曾说："现在的我们就像是在海底爬行的螃蟹，只能仰望地球，急需站在卫星的高度来俯视地球。只有通过卫星，我们才能亲眼看到行星波动。"他的想法是完全正确的。

叶笃正

叶笃正1940年毕业于西南联合大学；1943年，在浙江大学获硕士学位；1948年11月，在美国芝加哥大学获博士学位；1950年，回国投身新中国的气象事业；1978年，任中国科学院大气物理研究所所长，1980年当选中

叶笃正

国科学院学部委员（院士）；1981—1985 年，任中国科学院副院长；1979—1987 年，任中国气象学会理事长；2003 年，获世界气象组织最高奖——国际气象组织奖；2006 年，获 2005 年度国家最高科学技术奖。

叶笃正首先发现围绕青藏高原的南支急流、北支急流及它们汇合成为北半球最强大的急流，严重地影响着东亚天气和气候，他指出了青藏高原在夏季是大气的一个巨大热源，冬季是冷源，同时还深入地研究了夏季青藏高原热源及其对东亚大气环流的影响。由于他的研究工作，国际上才接受了大地形热力作用的概念，为青藏高原气象学的建立奠定了科学基础。

叶笃正提出了大气平面罗斯贝波的能量频散理论，从理论上证明了西风环流中的能量可按远大于风速的群速度向下游（或上游）传播，为现代大气长波的预报提供了理论基础，同时，也对阻塞高压天气系统的生成、维持和移动给出一种动力学解释。这个理论 31 年后才由霍斯金斯的"大圆理论"所推广，成为对遥相关和遥响应的理论解释。

叶笃正与陶诗言等发现东亚和北美环流在过渡季节（6 月和 10 月）有急剧变化的现象，这一发现对中国天气预报有重要意义。他们还发现阻塞形势的建立和崩溃常伴随着大范围环流形势的强烈转变，它的长期维持则带来大范围气候反常现象，从而证明了阻塞高压在持续异常天气预报中的重要性。这些发现和理论成为研究东亚气象学问题的重要文献，奠定了中国天气预报的重要基础。国外的学者在 10 多年后，由于 1976 年冬季北美出现极其寒冷的天气，才开始提出各种系统理论，并形成了一个重要的研究方向。

大气环流中究竟是气压场还是风场为主导，是学术界长期争论的问题，也是天气预报的关键之一。叶笃正等通过一系列工作建立了大气运动适应尺度理论：对不同空间尺度的运动都存在着特征尺度，当实际运动的空间尺度大于这个特征尺度时，气压场起主导作用；当运动的空间尺度小于特征尺度时，风场起主导作用；对中小尺度的大气运动，同样存在适应问题。这个独创的理论完善了大气运动各分量的相互作用过程的物理解释，在天气预报业务上有重要的应用。

20世纪70年代末至80年代，叶笃正积极组织并领导气候变化的研究。他积极参加全球变化科学组织（IGBP）的创立，并发挥了重要作用，贡献了一系列科学思想，如气候和植被过渡带的敏感性、全球变化中大气化学的作用和"有序人类活动"适应全球变化等。他通过模拟计算后指出，大范围的灌溉对气候和水文的影响时间可长达3~6个月，从而证明了人类活动对气候影响的可能性（被称为"陆面记忆"）。

叶笃正的理论研究成果对提高气象业务水平起到重要作用，有些理论至今仍在发挥作用，如大气长波能量频散理论在业务天气预报中俗称为"上游效应"；阻塞高压形成和维持的理论，一直是业务上对持续异常天气预报的重要理论基础；青藏高原气象学理论，在中国气象业务中不仅是天气预报的重要基础之一，更是气候预测的主要基础；大气运动的风场和气压场适应的尺度理论至今仍是天气分析和预报的主要理论基础之一。此外，他积极参与和指导建立中国气象业务系统，为中国气象局的"气象中心""气候中心"和"信息中心"的建立做出了实质性贡献。

第 5 章　第四次飞跃：
现代大气动力学基础上的气象学

20世纪50年代以来，以遥感和计算机技术为代表的新技术的出现，使得大气科学获得了迅速发展。大气动力学也逐步形成了完备的理论体系，并成为现代气象学的理论基础。

科技的进步逐渐揭开了气象的神秘面纱，人们逐渐认识到大气运动的复杂性，它包含小到湍流微团大到横跨整个半球的超长波等各种尺度的大气运动。根据大气运动水平尺度的大小，可粗略地把大气运动分成：大尺度运动，如大气的长波和超长波等；中尺度运动，如台风和飑线等；小尺度运动，如龙卷风和尘卷风等。不同尺度的天气系统具有不同的物理性质，而各尺度运动中主要作用力的不同正是造成大气运动多样性的根本原因。

台风（左）与龙卷风（右）

5.1 中尺度动力学与尺度分析理论

暴雨、冰雹、雷电、大风等中尺度强天气往往带来严重的自然灾害，并造成重大损失。中尺度天气系统及其伴生的天气现象的显著特征就是生命史短、空间范围小，但天气变化剧烈。大多数中尺度天气系统具有很大的能量，若以风速估计，一个对流风暴的平均能量约为 10^8 千瓦时，其威力不亚于十多个第二次世界大战时使用的原子弹。

1949 年，美国气象学家查尼（Jule Charney，1917—1981 年）提出了大气运动的尺度分析理论。由天气的实践经验可以知道，影响大气运动的各个物理因子，如惯性力、重力、气压梯度力等，在不同尺度的运动系统中贡献作用是不一样的，并且差距悬殊。因此，针对不同类型运动的特征和规律，必须突出大气运动方程中起决定作用的主要因子，忽略次要因子。查尼提出一种对物理过程进行分析和简化的有效方法，即依据表征某类运动系统各场变量的特征值，来估计大气运动方程中各分项的量级大小。通过尺度分析方法，使方程得到简化，这样做不仅便于计算，而且有利于揭示某种运动形式的本质特征，便于实际应用。这一方法已经在大气动力学和数值预报研究中得到广泛应用。

虽然在 20 世纪 40 年代人们就开始认识到研究中小尺度天气系统的重要意义，但由于观测资料缺乏等原因，50 年代前，对中小尺度系统的研究特别是对中小尺度动力学的研究进展缓慢。

1951 年，美国气象学家利达提出了"中尺度"（mesoscale）这个词，并把中尺度现象定义为利用常规高空探测网（间隔几百千米）捕捉不到，而利用单站雷达不能完全观测到的那些天气现象。虽然中尺度动力学研究在 20 世纪 50 年代前后才起步，但发展速度却非常迅猛。

1964 年，查尼和伊莱亚森提出了第二类条件性不稳定的理论，深入解释和说明了小尺度积云对流加热和大尺度流场演变的相互作用，即大尺度流场通过摩擦边界层的抽吸（Ekman Pumping）作用，为积云对流提供了必需的水汽辐合和上升运动条件；反过来积云对流凝结释放的潜热，又成为驱动较大尺度扰动所需要的能量。于是小尺度积云对流和大尺度流场演变相互作用、互为因果，相辅相成均得到了发展。

1965 年，我国气象学家叶笃正等在前人成果基础上，提出了地转适应的尺度理论。随后，中国气象学家曾庆存指出，在高空，气压场向风场适应，即运动变化的原因是动力性的。地转适应理论的研究对于非线性发展的大气运动非常重要，它不仅揭示了地转适应过程本身的机制，而且帮助人类认识准地转演变过程规律。

奥兰斯基认为在"大尺度"和"小尺度"之间还有宽广的天气现象领域，需要按照时间尺度和空间尺度进一步细分，因而提出了大、中、小尺度及其更细的分类，构成 8 个空间尺度。这也是在日常天气预报业务中最为常用的尺度划分标准。

奥兰斯基的大气运动尺度的划分

大尺度		中尺度			小尺度		
α 大尺度	β 大尺度	α 中尺度	β 中尺度	γ 中尺度	α 小尺度	β 小尺度	γ 小尺度
macro−α	macro−β	meso−α	meso−β	meso−γ	micro−α	micro−β	micro−γ
>10000 千米	2000~10000 千米	200~2000 千米	20~200 千米	2~20 千米	0.2~2 千米	20~200 米	<20 米

1975 年，英国气象学家霍斯金斯提出了地转动量近似的概念。他认为，大气的大尺度运动具有准地转特征，但是由于锋面具有大尺度运动的特点，又与中尺度运动紧密联系。为此，他总结建立了地转动量近似下的锋生理论。在锋面附近，在一个方向上风速呈现地转风近似，而在另一个方向上，地转关系不成立。通常具有这种特征的运动，称为半地转运动。

在基础理论发展的基础上，地形背风波、海陆风环流、城市热岛环流等中尺度环流，飑线、下击暴流等中尺度系统被广泛关注和研究，形成了越来越精细和严谨的中尺度气象学。

5.2 控制大气运动的"上帝之手"——五大作用力

自然界中的很多现象，背后都有相应的规律存在。就像日常生活中经常见到的海浪运动，如果把海浪运动简化为简单的波动，海浪传播过程中任意一个时间的位置在一定程度上可以简化为一维平流方程，并通过计算获得未来任意时间的位置。

在一定程度上来说，大气运动也受相应控制方程中初值和边界条件的控制。而对于天气预报来说，受初值（当前大气环流实况）的影响更大，而受边界条件（外界影响）变化的影响较小，因此大气运动可以看作流体力学和热力学方程等的初值问题，并可以由大气运动方程表示并通过数值方法进行计算。

但是，对于气候预测来说，大气运动受边界条件变化的影响更大，而受初值的影响较小，可以将其看作一个大气系统内部以及与其他圈层相互作用的问题。

在浩瀚的宇宙中，地球按照其固有的规律在不停地运动。除了环绕太阳运动，同时也在自西向东自转，这些有规律的运动造成了大气的变化，也为天气预报提供了相应的理论基础。

太阳系中的地球

地球大气处在不停的运动状态中，因此导致各种天气现象和天气变化。大气之所以会运动，归因于大气作用力的存在。总体来讲，我们赖以生存的大气，无时无刻不在受到地球引力、气压梯度力、摩擦力以及由于地球自转造成的地转偏向力和惯性离心力等的影响，这些力的共同作用造成复杂的大气运动以及相伴生的多样的天气现象。

1687 年，牛顿（Isaac Newton, 1643—1727 年）发现万有引力，并提出万有引力学说：任何物体都相互吸引，吸引力的大小与各个物体的质量成正比，而与它们之间距离的平方成反比。地球引力是地球生而俱来的，并且是地球对大气最主要的作用力，它把人类、大气和所有的地面物体"束缚"在地球上。

牛顿

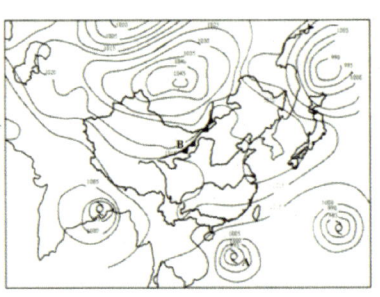

气压、气压梯度及天气系统

气压梯度力是大气运动的一种基本作用力，在大气中任一微小的气块，其各个表面都会受到来自大气的压力作用。当大气压分布不均匀时，气块就会受到一种静压力，这种作用于单位质量气块上的静压力即为气压梯度力。气压梯度力是大气分子间作用力，也是大气运动的主要驱动力。

摩擦力的作用主要表现在地面对大气运动的阻滞和大气分子间的黏滞作用。它能让快速运动的大气有所减缓。有关研究发现，由于摩擦力的作用，大尺度风遇到地表成片的防护林时，在一定范围内风速会显著下降。地表对大气的这种拖拽作用对大气的运动有显著影响。

西北防护林

由于河道侧向侵蚀造成的河道弯曲

同时，由于地球的自转，地球上运动的物体还受到地转偏向力和离心力的影响。其中，地转偏向力也是造成河流侧向侵蚀的一个重要原因。

$$\frac{\mathrm{d}\boldsymbol{V}}{\mathrm{d}t} = -\frac{GM}{r^2}\left(\frac{\boldsymbol{r}}{r}\right) + \Omega^2 R - \frac{1}{\rho}\nabla p - 2\boldsymbol{\Omega}\times\boldsymbol{V} + \boldsymbol{F}$$

加速度　　地球引力　　离心力　　气压梯度力　　地转偏向力　　摩擦力

由此可见，地球上的大气无时无刻不在受到"上帝之手"——地球引力、离心力、气压梯度力、地转偏向力和摩擦力这五大作用力的影响。而不同的作用力在不同的时间和空间尺度上对大气运动的影响程度也不尽相同，这就造成了变化多样的天气，也造成了不同尺度天气现象可预报性的巨大差异。

5.3 地球上大气间力的相互作用与多尺度问题

尽管这些作用力都会对大气运动产生巨大的影响，但是由于大气运动具有不同的空间和时间尺度，这些力对大气运动的影响也各不相同。假设仅有地球引力存在，我们生活在一个静止并且没有阳光的地球上，此时地球上的大气将在地球表面水平均匀分布，因为没有了任何大气运动，也不会有各类天气现象的发生，没有风，没有雨，也没有温度的变化。

地球各个纬度受到的太阳辐射不同，赤道太阳辐射强，极地太阳辐射弱，受大气加热膨胀原因的影响，垂直气压梯度力和重力的差异造成了大气的垂直运动，大气在赤道地区上升，在极地下沉，形成一圈环流。这些可以在赤道附近观测到的大范围低压区和垂直上升运动中得到证实。

地球每时每刻都在自西向东进行自转运动，因此地球上运动的物体会受到地转偏向力的影响，此时在北半球，大气在加热向北运动的过程中，发生右偏，并逐渐与气压梯度力相平衡，最终形成三圈环流，这也是造成横跨我国大部分地区西风带盛行的主要原因。

总体而言，在地球上大尺度范围内，一般情况气压梯度力和地转偏向力是近似平衡的，即此时两力大小相等，方向相反，为地转平衡状态。在地球范围内大尺度的高压和低压系统基本上都是这样的，此时如果气压梯度力和地转偏向力完全平衡，那么就没有穿越等压面的空气，天气系统也就不会变强变弱。

但实际上，大气中大尺度运动是准地转平衡的，此时大气经历了演变和快速的地转适应过程，对于中小尺度系统，则存在更多的非平衡问题。例如，中尺度天气系统在垂直方向上存在作用力不平衡的问题，即非静力平衡，如果考虑了这些因素以及摩擦等作用后，这时的大气就是我们日常生活中的大气运动。

第 6 章　第五次飞跃：
　　　　数值天气预报的诞生与
　　　　发展

　　数值天气预报 (Numerical Weather Prediction，NWP) 是根据大气的初值和边界条件，通过对以大气动力学、热力学等为基础的偏微分方程组进行数值计算和求解，预测未来一定时段的大气运动状态和天气现象的方法。不同于传统的天气学方法，数值天气预报是定量和客观的。目前，数值天气预报已经成为现代天气预报业务的标志和最主要的工具之一。

　　翻开气象科学发展史，人们很容易发现在 20 世纪前半叶，传统气象学的经验、理论和气象预报实践之间相互融合、借鉴，最终以数值天气预报的成功标志着天气预报技术开始走向了成熟，并构成了地球科学中的重要学科——大气科学。这长达一个多世纪的重要过程开始于 V. 皮叶尼克斯数值天气预报思想的提出。他认为，天气预报问题不过是一组控制大气运动的动力和热力物理方程的初值问题。此后，计算机之父——冯·诺依曼（John von Neumann，1903—1957 年）和查尼等在人类第一台通用电子计算机上首次成功地计算出历史上第一张数值天气预报图，成为了数值天气预报发展过程的又一个里程碑。在这几十年里，科学家们通过不懈努力最终使现代物理学和数学走进了气象，数值模式彻底将大气科学理论和气象预报问题合二为一，让气象学家认识到依据科学理论可以得到客观和准确的天气预报方法，也开创了客观、定量预报天气的新纪元。可以说，真正引领天气预报技术走向现代化的是计算机的发明和数值天气预报的诞生。

6.1 数值天气预报的萌芽与探索

　　尽管数值天气预报的诞生得益于计算机技术的发展，但是用数值模式进行天气预报的构想的出现却已经有 100 多年的时间了。1904 年，

V. 皮叶尼克斯在斯德哥尔摩物理学会发表了题为"一种天气预报的理性方法"的演讲，提议将数学方程式应用到原始大气数据信息中，并提出开展数值天气预报的设想，即天气预报问题应转变为大气运动方程组的初值问题，从而提高预报的精确度，使天气预报更加可信。

最早开始利用数值天气预报进行天气预报尝试的是英国气象学家理查森（Lewis Fry Richardson，1881—1953 年）。理查森结合刚刚发明的微分方程的数值解法，萌发了用数学技术改进气象预报的想法。1916—1919 年，在参军期间，理查森完成了数值天气预报计算方案，并于 1922 年出版了《天气预报数值方法》这一专著，详细介绍了数值分析和预报的原理和可能性，提出了采用逐步数值积分求出数值解的想法。可惜的是，使用原始方程进行数值计算时，由于会出现很大误差，最终导致试验失败。同时，由于数值预报计算量巨大，在当时没有计算机的情况下，无法使用数值模式进行天气预报。但是现在人们仍普遍认为这是一部用失败描绘未来巨大成功的具有划时代意义的经典之作。

【延伸阅读】理查森——数值天气预报的第一个实践者

理查森出生在英国，从小就接受良好而全面的科学教育，一生在许多自然和人文科学领域建树颇丰。尤其是他关注气象科学仅十年左右的时间，却创造和改变了气象科学的历史。理查森在进入英国气象局之前，曾经在很多部门里供职。他当过物理教师，两次在英国的国家物理实验室工作过。在给一位数学家当助手时，他掌握了数学统计技术。他有两年在国家泥炭部门工作，另外三年是在一家日光灯厂。

理查森

正是在这五年较为随意的研究期间，理查森发现了微分方程的数值化近似解法，而这一发现被他先后用在了工业、气象、战争成因分析和心理学等涉及自然科学和社会科学的许多重要领域之中。

1909年，理查森担任英国苏格兰南部的爱思克戴慕（Eskdalemuir）天文台台长。这个天文台是为观测地磁而建，但同时也是一个气象观测站。理查森就是在这里被气象所吸引。从1910年5月开始，理查森就广泛搜集天气资料，结合刚刚发明的微分方程的数值解法，他萌发了使用数据技术改进气象预报的新思路，着迷地投身于气象理论、气象观测和仪器改进等多项研究与实践。

第一次世界大战爆发后，理查森离开了天文台。1916—1919年，他奉命前往法军"朋友野战医院"从事救护工作，但他一心想回到研究工作的岗位。正是在这段动荡期间（1913—1919年），理查森完成了天气预报计算方案。他应用常规的现代物理学和流体动力学预测未来6小时之内那些资料会发生的变化，然后根据在这一天结束时收集的资料进行核算。由于他的算法不稳定，两组数字没有显示出任何联系。理查森十分沮丧，面对巨大的计算量需求，他断言：只有在64000人随时根据天气变化做相应计算时，才可能得出世界的天气变化。

预报虽然失败，但整个研究和计算过程，却在野战医院工作时的一部手稿中完整地记录了下来，并最终在1922年出版了《天气预报数值方法》。战后，理查森前往本森气象观测所随戴因斯（william H. Dines）研究高空气象和天气预报。后来理查森进入维斯特明斯特训练学院（Westminster Training College）任教，后又任帕斯里技术学院（Paisley Technical College）校长。难得的是，他在1926年获得理学博士学位后，又进修了心理学。平生发表85篇论文和专著，其中一半属于心理学方面，三分之一属于气象学（皆于1930年以前和1948年以后所著），1948年以后，有12篇研究报告系讨论湍流和扩散作用，他认为增加对大气湍流的了解对数值天气预报很重要。这个观念极具远见，迄今为止，这仍是数值模式领域和能量升尺度 (up-scale) 传输机制的重要问题。

虽然理查森在《天气预报数值方法》中公开承认了完全失败的数值天气预报结果，例如，6 小时预报地面气压变化为 145 百帕，但现在已经没有人怀疑那是一部用失败描绘未来巨大成功的具有划时代意义的经典之作。这本著作给我们留下的，除了在学术上给出了人类第一个数值天气预报方案和数值试验的计算结果所包含的很多开创性成果之外，作者开创应用科学新思路的胆识和敢于用失败预兆成功的勇气更加令人难忘。

6.2　数值预报的成功实现

数值天气预报的最终成功，经历了长时间的科学探索和积累，是流体力学、应用数学、理论物理和计算机技术等发展的综合结果。数值天气预报的出现有三个必不可少的先决条件：大气探测技术（气象卫星和雷达等）的进步、动力气象学理论的拓展、计算科学尤其是计算机技术及计算数学的发展。

20 世纪 40 年代，计算机技术出现了突破，这使人们终于有能力实现用数值模式进行天气预报。数值天气预报的成功，有两位科学家功不可没，分别是冯·诺依曼和查尼。

冯·诺依曼于 1933 年加入普林斯顿大学高级研究院。1946 年，他决定将计算机应用到气象学研究上，以此来证明计算机在社会和科学上的应用潜力。1948 年，查尼被冯·诺依曼聘请进入普林斯顿高级研究院进行气象工程工作，并于 1950 年春首次在计算机上成功地进行了数值天气预报，对北美地区 500 百帕高度的气压场做出 24 小时预报。这一成功也得益于以罗斯贝为代表的芝加哥学派对大气运动认识的深入以及动力气象学的发展。

尽管第一次数值天气预报取得了成功，但是当时使用的世界上第一台计算机（ENIAC）体积庞大，耗电惊人，运算速度不过每秒几千次（现在的超级计算机最快每秒运算达亿亿次），完成一次24小时预报的计算所需要的时间长达36小时，预报远远滞后于天气实况。后来计算机的计算速度发展迅速，使大规模的数值预报成为可能。

1954年9月，瑞典率先开展业务数值天气预报，成为世界上最早进行业务化数值天气预报的国家。1955年，实用的数值天气预报试验在美国正式开始。随后，其他国家相继将数值天气预报引入到实际业务中。数值天气预报有效预报时效开始以约每10年增加1天的速度持续提高。

欧盟国家于1975年组建了欧洲中期天气预报中心（ECMWF），1979年建立了全球中期数值天气预报业务系统，并投入业务试用。目前，ECMWF已经发展成为全球顶级的数值天气预报中心。

冯·诺依曼

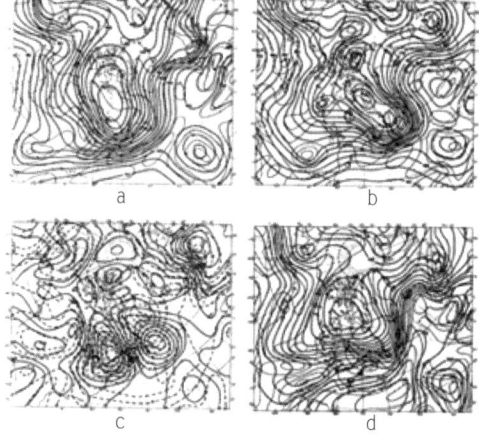

世界上第一张成功的数值天气预报图：500百帕高度场和涡度场

【延伸阅读】气象大师的典范——查尼

查尼，美国气象学家，1917 年 1 月 1 日生于美国旧金山，父母是从俄罗斯移民来的讲意第绪语的犹太人。他 15 岁就开始自学那时高中和大多数大学里都不教的微积分，并"发现特别容易"。1934 年他进入加州大学洛杉矶分校（UCLA）学习数学和物理学，被认为是最有希望获得该校第一位数学博士的学生。大学毕业后，他留校并在导师托马斯的指导下攻读硕士学位，并于 1940 年获得硕士学位。托马斯是美国大学中最早接受主要由皮叶克尼斯父子统领的卑尔根学派创建的气旋锋面理论的学者之一，考虑到查尼具有深厚的数学和物理学基础，托马斯积极支持他转向气象学研究。

查尼第一次接触气象科学是在约尔根·霍尔姆波主讲的研讨班中，后者第一个向查尼展示：大气运动是遵循物理规律的，并可以用偏微分方程描述。霍尔姆波是一位从卑尔根地球物理研究所来的年轻的挪威教授，是 J. 皮叶克尼斯组建的 UCLA 气象项目（目的是为美国空军培训气象观测员和预报员）的一员，他邀请查尼作他的助教。查尼接受了霍尔姆波的邀请，成为 UCLA 助教和气象项目博士生。他开始讲授太阳辐射、流体动力学和气象学。

战争期间，查尼帮助训练了几十个战时气象学家。1944—1945 年，查尼受罗斯贝论文的启发，在准备自己的博士论文选题时，把研究方向定在了中纬度平均纬向气流的不稳定理论。中纬度的大风暴是如何起源的？卑尔根学派的极地锋面模型阐明了这些气旋的发展过程，但它们起源的机理仍然是个谜，一直悬而未决。J. 皮叶克尼斯和霍尔姆波 1944 年的论文指出高层大气波动和辐散气流与气旋形成有关。芝加哥学派的罗斯贝则认为最主要的过程发生在中层大气行星波动尺度上。三人用不同的模型和不同的分析方法得到不同的结论。查尼采用 J. 皮叶克尼斯的三维描述和罗斯贝那样典型的分析处理，加入了这场论战，并最终解决了它。

他选择了这个在当时创新性很强的领域，这同时也意味着他几乎无法得到任何指导，查尼仅仅用了一年的时间，便用零增长率曲线将短的水平波长不稳定波与更长的稳定波区分开来。1946年，他获得了博士学位。查尼的博士论文《斜压西风气流中长波的动力学》引起气象学界的轰动。通过严密的数学处理，他用公式表达了一个现代气象学的重要概念。中纬度风暴的形成不是因为锋面的不稳定，而是由于更大尺度的大气环境扰动。当大气水平方向有急剧的温度差异，垂直方向西风风速随高度增加，环流就会崩塌并形成一个个大漩涡。这被称为斜压不稳定，在中纬度地区，冬季气温区域差异大的时候最为常见。它发展的结果就是低气压气旋大范围的暖空气抬升，高气压反气旋的冷空气下沉。得到这个结论，查尼设计出一种重要的数学"近似"，一位著名气象学家称这个近似展现了"天才般的物理洞察力"。这些简化正是把大气的数学模型应用到电子数字计算机上所需要的处理。

随着研究的深入，查尼越来越不满足于以J.皮叶克尼斯为代表的主要应用描述和演绎推理的气象研究方法。他非常推崇罗斯贝，曾到芝加哥大学当面与他讨论气象学问题，随后主要通过通信手段和他进行了频繁的学术交流。

数值天气预报的转折点来自首台电子数字计算机的到来，以及数学家冯·诺伊曼1946年的决定：把这台计算机用到气象学研究上，来证明这种设备在社会上和科学上的潜力。1946年8月，罗斯贝协助冯·诺依曼在普林斯顿大学高级研究院，召开具有历史意义的讨论数值天气预报的气象工程会议，特意安排了查尼一同前往。在讨论会上，冯·诺伊曼对顶尖气象学家们描述了他的计划，气象学家们并不太感兴趣，冯·诺伊曼也并不觉得惊讶。因为他和罗斯贝已经下了结论，气象学理论还没到可以数值计算的地步。在这次会议上，罗斯贝极力推荐当时在加州大学刚刚获得气象学博士学位的查尼参加首次数值天气预报试验，后者最终成为数值天气预报的完成者之一。有些参加了这次会议的人后来认为，这个会议最重要的成果就是把查尼和冯·诺伊曼联系在了一起。

1947 年，查尼以国家研究委员会成员的身份在挪威奥斯陆大学访问一年。当时，罗斯贝已经回到了斯德哥尔摩大学，他不止一次地给查尼写信谈论数值天气预报的重要性，并把查尼介绍给普林斯顿大学高级研究院的冯·诺伊曼。在数值天气预报项目经费困难时，罗斯贝建议冯·诺伊曼向军方申请经费，这些都保证了查尼的研究顺利进行。1948 年夏，查尼刚从奥斯陆回来，就被冯·诺伊曼聘请接管气象工程，到普林斯顿高级研究院工作。气象工程在查尼的领导下井井有条，1950 年春，查尼的团队第一次在计算机上成功试验了数值天气预报。1952 年春，一个新的更快的计算机在高等研究院落成运行。这个项目进展迅速且激动人心。1955 年 5 月 6 日，美国天气预报的新纪元开始了，在一台 IBM701 计算机上，由美国气象局、陆军、海军人员组成的单位负责每日实时天气预报。

完成气象工程任务后，查尼于 1956 年夏去了麻省理工学院 (MIT) 气象系任教。一年后罗斯贝于斯德哥尔摩突发心脏病去世。沿袭罗斯贝的传统，查尼在 MIT 的 25 年致力于启发和引导下一代杰出大气科学家。查尼虽然没有按照正规的程序当过罗斯贝的学生，却被认为是其学生中最著名的一个。虽然查尼在芝加哥大学仅临时工作不到一年的时间，但毫无疑问是芝加哥学派里仅次于罗斯贝的代表人物。有相当一部分人认为，罗斯贝对大气科学的另一重要贡献是他把查尼吸引到了这个领域，而查尼则一次又一次开创性地解决了大气动力学的关键性问题。

查尼对气象学、大气动力学和物理海洋学的贡献是难以估量的。他的主要工作大致可以总结为斜压不稳定、准地转运动、数值天气预报、地转湍流、第二类条件不稳定 (CISK) 机制、行星波垂直传播、大气环流的多平衡态等几个方面。

6.3 卫星数据的采用与数值天气预报的发展

查尼不仅专注于数值天气预报模式的研发和改进，同时也关心数值天气预报中必不可少的观测资料的应用问题。1957 年 11 月，作为美国科学院气象委员会顾问的查尼提到必须认真对待卫星、机载观测和雷达给气象发展带来的新变化，并指出必须用计算机消化越来越多的气象观测数据，弥补海洋、青藏高原等地观测资料缺乏的不足。

1960 年 4 月 1 日，美国"泰罗斯 1 号"气象卫星发射成功，标志着人类对高空大气的探索进入卫星时代，为沙漠和海洋等地区气象资料的获取提供了新的途径。

从 1997 年 11 月开始，欧洲中期天气预报中心（ECMWF）业务中使用的四维变分同化系统几乎涵盖了当时美国、欧洲等气象卫星所提供的所有卫星观测数据。同化资料中卫星资料占据了 90% 以上。

为了充分挖掘卫星观测数据的价值，欧洲和美国分别于 1999 年和 2001 年建立了研究和业务单位共同参与的卫星资料同化研究与应用中心，以便充分发挥现有和未来的卫星观测资料在数值天气预报中的作用。

6.4 "蝴蝶效应"与集合数值天气预报的发展

在 20 世纪之初，庞加莱（Jules Henri Poincaré，1854—1912 年）认为在初始条件中加入微小的扰动就会使非线性系统的预报结果变得极为不同，而这可能会是限制预报技巧的瓶颈所在。在 20 世纪 50 年代，汤普森第一次定量地估计了预报中初始误差的增长，而洛伦兹（Edward Norton Lorenz，1917—2008 年）则更为整体化地总结了这些知识，以他对量化大气可预报性的尝试为基础创立了混沌理论。他认为不稳定系统有着有限的、取决于状态的可预报性的极限，由此产生了初始条件不确定性的增长。

气象学家洛伦兹曾提出"一只蝴蝶在巴西扇动几下翅膀，有可能会引起美国得克萨斯州的一场龙卷风"，其原因在于：蝴蝶翅膀的运动，导致其身边的空气发生变化，并引起微弱气流的产生，而微弱气流的产生又会引起它四周空气或其他系统产生相应的变化，由此引起连锁反应，最终导致极大变

蝴蝶效应

化。即某系统初始条件最不起眼、最微小的差异都会导致结果很不稳定，他把这种现象戏称作"蝴蝶效应"。

据说故事发生在 1963 年的某个冬天，洛伦兹如往常一般在办公室操作着计算机。平时，他只需要将温度、湿度、压力等气象数据输入，电脑就会依据三个微分方程式计算出下一刻可能的气象数据，由此模拟出气象变化图。这一天，洛伦兹想更进一步了解某段记录的后续变化，他把某时刻的气象数据重新输入电脑。当时，电脑处理数据资料的速度不快，在结果出来之前，足够他喝杯咖啡并和友人闲聊一阵。一小时后，计算的结果令他目瞪口呆。这次的计算结果与之前相比，初期数据还差

不多，越到后期，数据差异就越大了，就像是不同的两套数据。而问题并不出在电脑，而是他在输入时误将数据写错，差了 0.000127，而这微乎其微的差异却导致得出的结果有着天壤之别。

由于大气是一个高度非线性的系统，因而数值天气预报的结果对初始条件的微小误差非常敏感。爱普森在 1969 年为解决这一问题先在理论上提出了动力随机预报。后来，利思在 1974 年提出了一个比较适合于实际应用的所谓"蒙特卡罗"预报。经典的集合天气预报基本上就是基于蒙特卡罗这一预报概念提出的。蒙特卡罗预报在业务预报上应用的一大难点是它需要耗费大量的高速计算机的计算时间来完成。

集合天气预报是这样一种预报，同一有效预报时间的预报具有一组不同的预报结果，各预报间的差异可提供有关被预报量的概率分布的信息，在集合预报中的各个预报可具有不同的初始条件、边界条件、参数设定，还可用完全独立的数值天气预报模式生成。

1992 年 12 月，美国国家气象中心（NMC）和欧洲中期数值预报中心（ECMWF）分别基于 BGM 和 SV 方法建立了各自的中期集合预报业务系统。在欧美，使用全球大气模式集合预报方法做中期（两周）业务预报的主要有美国国家环境预报中心 (1992 年底开始) 和欧洲中期天气预报中心 (1994 年开始)，预报效果十分可观。

目前，集合预报方法已开始被引入各种尺度的数值预报试验中。小到风暴尺度、云尺度的系统，大到季节、气候的预报（如 NCEP 的气候预测中心）。

同时，数值天气预报的进步与计算机的进步密不可分。以浮点运算为标准，自 20 世纪 80 年代开始，计算机的计算能力每五年增长一个数量级。这是处理器技术的进步和多处理器的应用带来的。英特尔联合创始人摩尔认为，每块芯片上晶体管密度和时钟速度的增加使得计算能

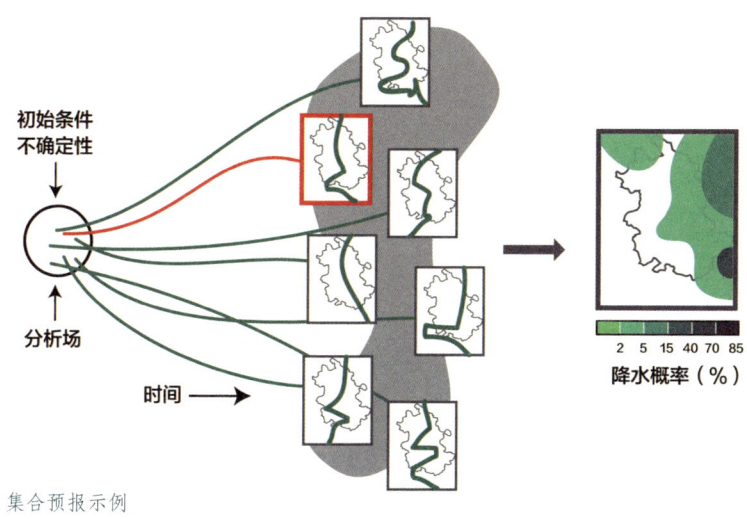

初始条件
不确定性

分析场

时间

降水概率（%）

集合预报示例

力每 18 个月就能翻一番。计算能力的增长与数值天气预报中分析和预报计算任务的数量增长齐头并进。在欧洲中期天气预报中心，资料同化在多个阶段中进行模式积分，总计要在 12 小时的同化时间窗内对 6 亿 5 千万的格点进行数百次迭代运算。

6.5　我国数值天气预报的建设与进展

我国的数值天气预报业务研究开始于 1954 年，当时的中央气象台数值预报研究条件十分艰苦，没有电子计算机，并且绝大部分人员没有学过数值天气预报，主要是在顾震潮（1920—1976 年）指导下，进行数值天气预报工作的探索。1959 年，我国

顾震潮

083

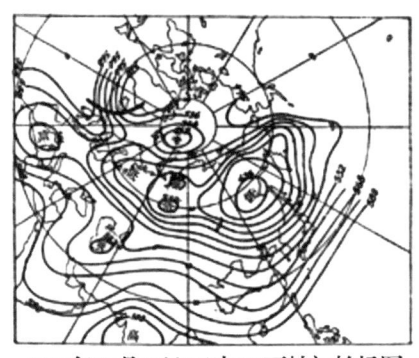

1964年12月19日20时500百帕初始场图

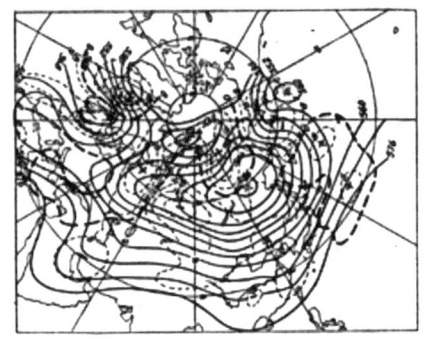

500百帕48小时预报图及其偏差分布

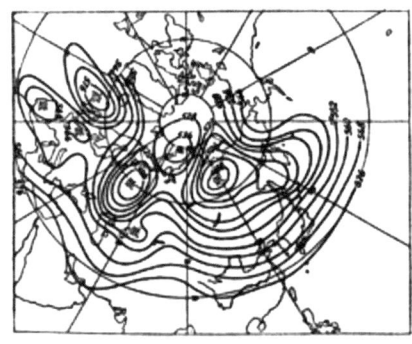

1964年12月21日20时500百帕实况图

中央气象局向全国发布的 48 小时 500 百帕形势预报

104 电子计算机研制成功，为数值预报的发展创造了条件。1960 年 2 月开始，中央气象局制作的 24 小时和 48 小时高空天气形势预报提供给预报员试用。在这个时期，所用的预报模式叫作"正压过滤涡度方程模式"。

1965 年 3 月，由于数值天气预报效果有一定的参考作用，经过中央气象局批准，正式开始向全国发布 48 小时 500 百帕形势预报。

1982 年，经过几代人坚持不懈的努力，短期数值天气预报业务也就是 B 模式投入使用，结束了我国只使用国外数值天气预报产品的历史。

我国第一台巨型计算机"银河"1 号

经过多年的科技攻关，我国逐渐步入世界数值天气预报先进行列。

1993 年，我国自主研制的银河巨型计算机在中国气象局安装使用，并将 T63L16 数值模式在该系统上成功运行，得到国内外有关专家的高度评价。1994 年，我国成功引进了当时世界顶尖水平的克雷（Cray）巨型计算机。随着高性能计算机在气象上的应用，我国的数值天气预报业务和研发能力得到迅速提升。

2006 年，由中国气象局组织、中国科学家自主研发的新一代数值天气预报系统——全球/区域通用数值天气预报系统（GRAPES）在国家气象中心实现正式业务应用。

2016 年，GRAPES 全球预报系统正式向全国下发业务产品，进入业务化运行。我国 FY–3C 气象卫星资料首次在模式中实现直接同化应用。

6.6 现代的数值天气预报

数值天气预报是根据大气实际情况，在一定初值和边值条件下，通过数值计算，求解描写天气演变过程的流体力学和热力学方程组，进而预报未来天气的方法。预报所用或所根据的方程组和大气动力学中所用的方程组相同，即由运动方程、连续方程、热力学方程、水汽方程、状态方程所构成的方程组：

运动方程 $\dfrac{\mathrm{d}\boldsymbol{V}}{\mathrm{d}t} = \boldsymbol{g} - \dfrac{1}{\rho}\nabla p - 2\boldsymbol{\Omega} \times \boldsymbol{V} + \boldsymbol{F}$

连续性方程 $\dfrac{\mathrm{d}\rho}{\mathrm{d}t} + \rho\nabla \cdot \boldsymbol{V} = 0$

热力学方程 $c_p\dfrac{\mathrm{d}T}{\mathrm{d}t} - \dfrac{1}{\rho}\dfrac{\mathrm{d}p}{\mathrm{d}t} = Q$

水汽方程 $\dfrac{\mathrm{d}q}{\mathrm{d}t} = \dfrac{S}{\rho}$

状态方程 $p = \rho RT$

方程组中，含有 7 个预报量（速度沿 x，y，z 三个方向的分量 u，v，w 和温度 T，气压 p，空气密度 ρ 以及比湿 q）和 7 个预报方程（运动方程可分为 3 个方程）。方程组中的黏性力 F，非绝热加热量 Q 和水汽量 S，一般都当作时间、空间和这 7 个预报量的函数。这样，预报量的数目和方程的数目相同，因而方程组是闭合的，可以求解。

目前，国际上大力发展数值天气预报的有美国普林斯顿大学暨美国 NOAA 地球物理流体动力学实验室（GFDL）、美国国家环境预报中心（NCEP/NCAR）、美国国家气象中心（NMC）、欧洲中期天气预报中心（ECMWF）、英国气象局（UKMO）、日本气象厅（JMA）、中国气象局（CMA）、中国科学院大气物理研究所（IAP）等机构。

目前，世界主流的数值天气预报模式包括欧洲中期天气预报中心高分辨率数值预报模式、美国全球数值天气预报模式 GFS、日本高分辨率数值预报模式、我国的全球数值预报模式 T639 和全球/区域通用数值天气预报系统（GRAPES）等。

【延伸阅读】天气预报相关知识
一、天气预报为何有时会出现误差

由于种种原因，天气预报往往也会出现误差，那么究竟为什么会出现误差呢？从目前来看，科学技术的不足、预报经验的不足及影响天气变化的因素多变等都会导致天气预报出现误差。

造成天气预报误差的最大原因之一便是科学技术方面的欠缺。目前，国内气象台预报天气的依据主要是国内外专业气象中心提供的数值模式产品，每天不断更新发送。预报员每天根据这些数值模式产品分析对本地区未来天气的影响，做出天气变化的预报。由于各种因素影响，气象台收到的数值模式产品存在一定的误差。目前，1~3 天内的数值模式产品存在 10% 左右的误差，3~7 天的数值模式产品存在 30% 左右的误差，这就给气象台做出准确的天气预报带来了一定影响。比如，基于大气环流数值模式预报，冷暖空气在本地区上空相遇，做出降雨的预报后，这两股冷暖空气最后却没有出现，就会导致预报出现误差。同时，在主观上，由于预报人员的预报水平和经验的差异，对一次天气过程的认识的偏差也可能造成预报出现误差。

目前的天气会商制度和首席预报员制度已经能够在一定程度上减少这种误差的出现。但是，由于各方面硬件的建设，例如监测站网的分布等原因，对局部地区，尤其是多变的山区的天气形势预报，依然要依靠预报员长期以来积累的经验进行判断，这就要求预报人员对长期以来的天气过程和预报经验进行有效地总结和归纳。

尽管目前的天气预报尚无法 100% 准确地预测未来的天气状况，随着技术的进步和理论的发展，大量的大气探测信息、高分辨率的集合数值模式的应用为天气预报准确率的提高带来了更大的发展机遇。我们可以设想，随着数值模式性能的增强、分析手段的多样化和观测资料的丰富，预报的准确率将会逐步提升，尤其一周内的天气预报准确率将会更高。

二、我国天气预报制作流程

我国有国家、省、市、县四级气象台站，它们相互配合共同构成由气象观测、数据传输、数据处理、预报预测和气象服务组成的气象业务体系。

目前，我国预报预测服务产品根据时间可分为以下几类：临近天气预报（0~2 小时）、短时天气预报（0~12 小时）、短期天气预报（3 天内）、中期天气预报（4~10 天）、延伸期预报（11~30 天）以及短期气候预测等。其中短期天气预报是人们日常生活中使用频率最多也最为关心的。

气象观测。遍布全国各地的气象观测站网是天气预报工作的基础。地基、天基和空基的探测设施每时每刻都在不断地监测全球大气的运动。其中包括通过自动气象站进行大量高时空频次的地面气象要素观测，并将数字化后的气象信息收集汇总；同时，距地面 35800 千米高空的静止气象卫星可以全面、及时地获取更大范围的气象信息；基于地面的多普勒天气雷达也可以对强对流天气进行及时有效的探测。

气象信息传输。现代化的国内通信系统和全球通信系统将全球气象信息进行实时交换。通过通用分组无线服务技术（GPRS）、气象宽带网络、卫星通信以及全球气象电信系统（GTS）等对气象观测信息进行及时传输，实现国家级和省级气象部门从基本观测站、多普勒天气雷达站、卫星等收集实时气象信息。

大气探测体系

气象数据分析及初始场的生成。针对大量的地面自动站、气象卫星、天气雷达数据，通过三维、四维变分等方法，将有关资料同化，形成格点化数值预报初始场。其中气象资料同化就是将收集的全球数据（国外共享数据，同时国内的部分数据也向国外共享）处理为数值天气模式可以识别和使用的数据。

数值天气预报制作过程。通过高分辨率数值模式，基于观测的气象信息，对未来大气运动状况进行计算和预测。数值天气预报就是使用大气运动方程建立的数值模式，按时间顺序计算不同高度全球各处气象要素的值。

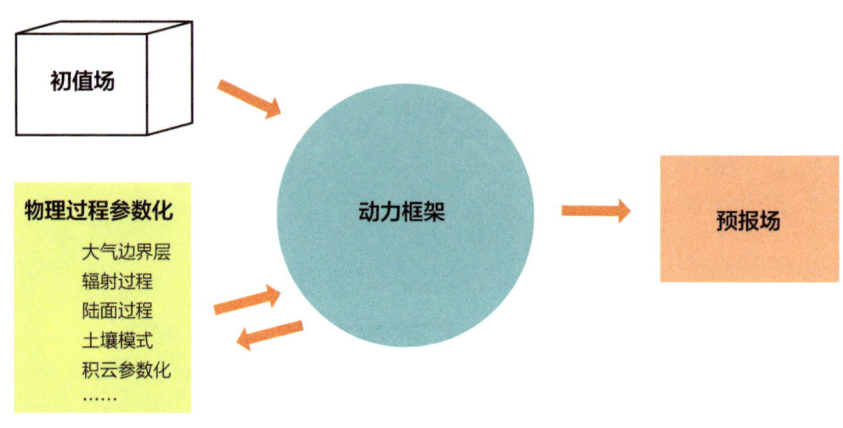

数值天气预报概念图

　　精细化天气预报分析和制作。天气预报员需要结合天气学理论基础，基于格点化数值天气预报结果做出精细化的预报，分析未来何处产生气流汇集，引起上升运动，何时发生从气体转变为液体的相态变化，形成区域性降雨。特别是对于大范围灾害性天气，预报员需要从多个维度进行深入细致地分析，以提高预报的准确率和精细化程度。以暴雨为例，从宏观、中尺度、局地尺度和物理过程四个角度可以分析暴雨的形成过程。

　　基于数字媒体的发布。通过云计算平台、移动互联网等最新技术，及时、精准、有效地将气象信息推送给政府部门、相关行业和社会大众。日益精细、及时和有针对性的天气服务，将给人们的生产生活带来越来越多的便利，并将显著提高人们的生活水平。

第 7 章　趋势与未来：
气象科学发展展望

"我们要有思想准备，未来大气科学碰到的问题会越来越多，涉及的学科也越来越宽"，正如气象学家叶笃正先生所言，气象科学尽管实现了一次又一次的伟大飞跃，但是也面临着接下来一个又一个的崭新挑战，未解的大气运动规律、未知的气象科学领域，在等待着人们去发现与探索……

7.1 神秘大气的面纱还没有彻底揭开

天气预报、气候预测准确率永远是衡量一个时代气象科学发展水平的标尺。伴随着以大气动力学为基础的气象理论体系和以遥感技术为代表的大气探测体系的不断完善，目前的短期天气预报方法技术日臻成熟，精准程度也大为提高。但是，人们对短时突发性天气、2~3周天气演变和短期、长期气候的变化规律还没有做到充分认知和完全掌握，提高一"短"一"长"预报预测准确率，仍是一个世界性的科学难题。

大气运动作为一种非线性过程，边界模糊、混沌多变，初始状态的微小改变，都会使演变结果迥然不同。时至今日，人们对其发生发展机理、复杂地形和局地系统等影响因子的作用效果还缺乏深入的了解。目前，对于暴雨、冰雹、龙卷、台风、雷电等生命史短、突发性强、空间尺度小、区域性明显的短时突发性天气，人们对其形成原因的认识还不充分，对其进行全面的监测还存在困难，做出准确的预报就更为困难了。2~3周的天气尽管在理论上具有可预报性，但因其生消过程较长、影响因素复杂，做出比较准确的预报仍然十分困难。每年汛期气候趋势预测令人信心不足、惴惴不安；同样，长期气候趋势预测常常与结果大相径庭，也让全球的气象研究和业务人员不满，甚至失望。作为气象研究和业务的主要工具，根据气象数据进行数学参数化处理的数值天气预报，限于目前初始测值上的精密度、运动规律上的认知度，模拟这些天气系统产生、消亡的全过程也就难以达到尽善尽美。

气象科学发展的历程，就是破解科学难题、挑战未知领域的过程。未解的大气运动规律正是当前和未来气象科学研究的重点、突破的方向。我们也热切地憧憬着像环流理论、长波理论、频散理论一样具有划时代意义的下一次伟大发现的诞生，擦亮人们渴望的双眼，进一步看清神秘大气的真实面目。

7.2 气象科学的发展仍将借助相关学科的进步

作为一门边缘性、综合性学科，气象科学还将同历史上每一次与其他学科的共生、融合、蜕变一样，继续借助着数学、物理学和计算机等相关学科的进步而实现自身的发展。

我们可以预想，随着流体力学、热力学、数学、化学等学科的发展，人们将对大气的物理和化学特征、大气运动的各种能量及其转换过程、多种天气气候现象及其演变过程进一步加深理解；对高层大气物理学、太阳物理学和空间物理学的深入研究，将支撑起对太阳辐射、扰动在大气中引起的各种机制的进一步认知；对大气圈、水圈、冰雪圈、岩石圈、生物圈五个圈层之间存在的物理、化学、生物等相互作用的开放性、包容性探索，将对全球气候变化规律的研究实现从气候系统向地球系统扩展的全方位认识；随着数学物理理论、卫星遥感和超级计算技术的进步，数值预报模式将进一步成熟，进而可以详细地描述大气运动复杂的动力、物理、化学和生物过程。

我们可以预想，随着地面气象观测网格化、智能化和先进观测技术的发展，未来气象观测数据采集的密度将会大大增加，使得较原来更小尺度气象要素及变化痕迹得以被探知，使得气象学家们通过分析这些小尺度信息，获得较大尺度天气状况，使认识其变化规律成为可能。

我们还可以预想，如果量子计算机能够正式面世，并应用于数值天气预报模式，那将是气象科学发展的莫大幸事。因为，这将彻底解决气象数值预报发展进程中高性能计算机资源短缺问题，使得气象数值模式的时空分辨率可按需自由调整，各种计算资源的算法可以不必再被参数化所替代，数值天气预报也将更加精准。

7.3 新的技术革命也是气象科学发展的新引擎

气象科学的每一次飞跃都伴随着一次技术革命。当前，信息化显然已经成为社会变革的强大推动力，云计算、大数据等新技术的应用逐渐成为气象科学发展的新引擎。

具有强大处理能力的云计算与丰富信息积淀的大数据相辅相成，使得人类可以通过准确、全面地收集气象数据，敏锐、综合地分析气象数据之间的相关关系，实现对大气现象认识、大气运动规律探索的再一次升华。

"对大数据进行相对简单的相关运算，永远比对小数据进行复杂运算得出的结果准确"，这是大数据时代的经典理念，这对数值天气预报模式的改进无疑是一个重大的启发，甚至是一个理念上的颠覆。我们知道，由于观测仪器的精度、密度限制，初始测值的误差永远存在，复杂的运算导致误差积累越来越大。但在大数据时代，容错率的提高对于初始数据的测量精度不再苛刻，大数据的简单算法比小数据的复杂算法更有效，算法简单使误差积累受到限制，必将催生气象科学新的革命，促进预报预测准确率的提高。

　　同时，物联网技术和配套的数据质量检测等数据清洗技术，以及"众包"等新的信息采集模式的引入，有可能给常规气象观测手段和方法带来几近革命性的变革，从而大大丰富信息的获取渠道，提高信息采集的时空密度。比如，利用已经广泛布设的非气象监测设备所采集的信息，通过分析得出所需要的气象要素，以弥补气象探测设备无法获得的探测信息，是一条值得深入探索的方法。

　　气象科学的发展永远没有止境，气象科学的探索永远都在路上，气象科学的未来也将展现出超乎寻常想象的神奇魅力、令人激动不已的美好愿景。我们期待着气象科学下一次华美嬗变的早日到来！

参考文献

陈久金，2008.中国古代天文学家[M].北京：中国科技出版社.

陈遵妫，1955.中国古代天文学简史[M].上海：上海人民出版社.

陈遵妫，1980.中国天文学史[M].上海：上海人民出版社.

程士德，1982.素问注释汇编[M].上海：上海人民卫生出版社.

董佩明，等，2008.数值天气预报中卫星资料同化应用现状和发展[J].气象科技，36（1）：1-7.

董作宾，1943.殷文丁时卜辞中一旬间之气象记录[J].气象学报（Z1）：1-3.

方宗义，2014.气象卫星发展历程和启示[J].气象科技进展，4（6）：27-34.

关国澄，2007.英国巨石阵探秘[J].旅游纵览（1）：80-83.

李平，等，2015.中外气象科技与文化交流[M].北京：科学出版社.

刘亚东，2007.世界科技史[M].北京：中国国际广播出版社.

刘英金，2006.风雨征程——新中国气象事业回忆录[M].北京：气象出版社.

陆汉城，等，2004.中尺度天气原理和预报[M].北京：气象出版社.

吕美仲，等，1990.动力气象学教程[M].北京：气象出版社.

叶鑫欣，等，2014.挪威学派气象学家的研究工作和生平：J.皮叶克尼斯、H.索尔伯格和T.贝吉龙[J].气象科技进展4（6）：35-45.

潘天华，2009.梦溪笔谈研究的主要内容和与成果概览[J].镇江高专学报22（4）：23-28.

浦一芬，等，2015.大气科学研究方法[M].北京：科学出版社.

邵士梅，等，2008.中国通史[M].西安：三秦出版社.

沈文海，2017.云时代下的气象信息化与管理 [M].北京：电子工业出版社.

童乐天，1980.云的分类 [J].气象（8）：34-36.

汪惜今，2017.浅析气象大数据的未来应用服务趋势 [J].信息通信（4）：290-291.

王聘珍，1983.大戴礼记解诂 [M].北京：中华书局.

温克刚，2004.中国气象史 [M].北京：气象出版社.

许小峰，等，2014.气象科技发展历程的若干回顾及启示 [J].气象科技进展，4（6）：6-1.

杨军，等，2017.卡尔－古斯塔夫·罗斯贝 [J].物理，46（1）：39-40.

杨萍，2016.笛卡儿与气象学 [J].气象科技进展，6（1）：46-49.

杨萍，等，2014.气象科技的古往今来 [J].北京：气象出版社.

叶鑫欣，等，2014.J.皮叶克尼斯及海气相互作用研究 [J].气象科技进展 4（5）：78-79.

张瑾瑢，1982.清代档案中的气象资料 [J].历史档案（2），100-104.

张静，2015.气象科技史 [M].北京：科学出版社.

郑祚芳，等，2001.气象卫星探测资料在数值天气预报中的应用 [J].气象，27（9）：3-8.

中国人民解放军军事科学院战争理论研究部，1977.孙子兵法新注 [M].北京：中华书局.

国家自然科学基金委员会，2016.中国学科发展战略：大气科学 [M].北京：科学出版社.

PETER B, et al, 2015. The quiet revolution of numerical weather prediction[J]. Nature, 525（7567）：47-55.